U0161073

新编 Access 数据库技术及应用

主　编　沈俊媛
副主编　周荣华　尹传娟　李铁冰

科学出版社

北　京

内 容 简 介

本书应用具体示例及其操作方法对数据库应用系统的基本设计和程序设计进行详细的介绍。为了达到提高学生数据库技术应用能力的目的，本书以 Microsoft Access 2010 数据库系统作为教学数据库，结合非计算机专业学生及财经类综合院校的特点，融入计算思维理念，以案例为抓手，以任务为驱动，循序渐进地讲述 Access 关系数据库系统的特点和数据库应用的开发技术，具有较强的应用性和实用性。本书章节内容由浅入深，层次分明，重点突出，操作步骤翔实清晰，图文并茂直观，把抽象的数据库原理有机地融入 Access 的具体操作中。主要内容包括：概论、创建 Access 数据库、查询设计、SQL、窗体设计、报表设计、宏与 VBA、Access 数据库安全与管理等知识。

本书可作为各大中专院校、职业院校非计算机专业学生学习数据库技术和应用的教材，也可作为 Access 数据库应用技术培训及全国计算机等级考试(二级 Access)的参考用书。

图书在版编目（CIP）数据

新编 Access 数据库技术及应用/沈俊媛主编. —北京：科学出版社，2022.1

ISBN 978-7-03-069130-9

Ⅰ. ①新⋯ Ⅱ. ①沈⋯ Ⅲ. ①关系数据库系统 Ⅳ. ①TP311.138

中国版本图书馆 CIP 数据核字（2021）第 109278 号

责任编辑：胡云志 董素芹 / 责任校对：樊雅琼
责任印制：张 伟 / 封面设计：蓝正设计

科 学 出 版 社 出版
北京东黄城根北街 16 号
邮政编码：100717
http://www.sciencep.com
北京虎彩文化传播有限公司 印刷
科学出版社发行 各地新华书店经销

*

2022 年 1 月第 一 版 开本：720×1000 B5
2022 年 12 月第二次印刷 印张：17
字数：343 000

定价：69.00 元（全套）
（如有印装质量问题，我社负责调换）

前　言

随着信息技术和社会信息化的发展，以数据库系统为核心的办公自动化系统、信息管理系统、决策支持系统等得到了广泛应用，数据库技术已成为计算机应用的一个重要方面。数据库技术及应用已是高等学校非计算机专业，尤其是经济类、管理类专业的一门重要公共课程。随着计算机科学技术的快速发展、高校学生计算机知识起点的不断提高、大学计算机基础课程教学改革的不断深入，2010年，在首届"九校联盟(C9)计算机基础课程研讨会"上，"985"首批9所高校提出"计算思维能力的培养"应作为计算机基础教学的核心任务，基于这样的背景，结合普通高等学校非计算机专业学生的特点，以应用为目的，以案例为导向，以任务为驱动，我们编写了本书，将计算思维能力的培养融于案例及实验教学中，全面讲述关系数据库系统的特点及应用开发技术，旨在提高学生的数据库操作能力和应用能力。

本书以 Access 2010 作为应用环境，介绍数据库技术及应用的基本理论和基本方法。全书共 8 章，各章内容如下：

第 1 章介绍数据管理技术的发展、数据库概念、数据模型、关系数据模型、E-R 模型向关系模型的转换以及数据库系统结构等内容。

第 2 章介绍 Access 开发环境、创建数据库、数据库的打开与关闭、创建数据表、数据的导入与导出、字段的常用属性设置、常用表数据操作以及关系的创建及应用等内容。

第 3 章介绍查询概念、用查询向导创建查询、用设计视图创建和修改查询、使用查询进行统计计算、参数查询和操作查询等内容。

第 4 章介绍 SQL 概述、SQL 的数据定义语言、SQL 的数据操纵语言以及 SQL 的数据查询语言等内容。

第 5 章介绍窗体概述、使用窗体工具和向导创建窗体、使用设计视图创建窗体、创建主/子窗体、创建导航窗体以及创建图表类窗体等内容。

第 6 章介绍报表概述、报表的创建、报表的高级设计以及报表的打印等内容。

第 7 章介绍宏的基本概念、宏的创建与应用、模块与 VBA 概述、VBA 语法基础以及 VBA 数据库访问技术等内容。

第 8 章介绍数据库安全与管理方面的内容。

为了便于实验教学和学生学习，编者还编写了与本书配套的实验指导书。

　　本书由沈俊媛主编，第 1 章由李其芳编写，第 2 章由徐娟编写，第 3 章由李铁冰编写，第 4 章由沈俊媛编写，第 5 章由周荣华编写，第 6 章由尹传娟编写，第 7 章由胡丹编写，第 8 章由李春宏编写。本书案例"商品销售系统"数据库由李其芳设计，全书由沈俊媛统稿和定稿。

　　本书的编写得到了云南财经大学各级领导的关心和大力支持，在此表示深深的感谢。此外还要感谢科学出版社的各级领导和相关工作人员对本书的编辑出版。由于编者水平有限，书中难免有不足之处，诚请专家、教师和广大读者批评指正。

编　者
2020 年 7 月

目　　录

第1章 概　　论

数据库技术是计算机应用领域中很重要、应用极为广泛的技术之一，是软件学科的一个独立分支。数据库技术是信息社会中信息资源管理与利用的基础，是研究如何存储、使用和管理数据的一门学科。随着计算机应用的发展，数据库应用领域已从数据处理、信息管理、事务处理扩大到计算机辅助设计、人工智能、办公信息系统和网络应用等新的应用领域。

经过几十年的发展，数据库技术已形成完整的理论体系和一大批实用系统。关系运算理论和模式设计理论不断完善，数据库管理系统软件日益丰富，为数据库的应用与开发奠定了基础。

本章将介绍数据管理的发展过程及数据库技术所涉及的基本概念，包括数据库、数据模型、关系数据库的基本理论等，最后给出建立关系数据库的方法及实例，读者通过本章的学习将对数据库技术有一个全面的了解。

1.1　数据管理技术的发展

人们对数据进行收集、组织、存储、加工、传播和利用等一系列活动的总和称为数据管理。由于计算机的产生和发展，在应用需求的推动下，数据管理技术得到迅猛发展，在整个利用计算机进行数据管理的发展过程中经历了人工管理、文件系统、数据库系统三个阶段。

1.1.1　人工管理阶段

20 世纪 40 年代中期到 50 年代中期，计算机主要用于科学计算。从当时的硬件来看，外存只有纸带、卡片、磁带，没有直接存取设备(如磁盘)；从软件来看，没有操作系统及数据管理的软件；从数据来看，数据量小，用于数据结构的模型没有完善，所以这一阶段的数据由用户直接进行管理。

1.1.2　文件系统阶段

20 世纪 50 年代后期到 60 年代中期，计算机外部存储设备中出现了磁鼓、磁盘等直接存取设备；计算机操作系统中产生了专门管理数据的软件，称为文件系统。在数据的处理方式方面不仅有了文件批处理，而且能够在需要时随时从存取设备中查询、修改或更新数据。这时的数据处理系统是把计算机中的数据组织成相互独立的数据文件，并按文件名进行访问。

1.1.3　数据库系统阶段

20 世纪 60 年代后期，计算机性能大幅度提高，特别是大容量磁盘的出现，使存储容量大大增加并且价格下降。为满足和解决实际应用中多个用户、多个应用程序共享数据的要求，使数据能为尽可能多的应用程序服务，在软件方面就出现了统一管理数据的专用软件系统，克服了文件系统管理数据时的不足，这就是数据库管理技术。现在，数据库已成为各类信息系统的核心。

数据管理三个阶段的比较，如表 1-1 所示。

表 1-1　数据管理三个阶段的比较

背景及特点		人工管理阶段	文件系统阶段	数据库系统阶段
背景	应用背景	科学计算	科学计算、管理	大规模管理
	硬件背景	无直接存取设备	磁盘、磁鼓	大容量磁盘
	软件背景	没有操作系统	有文件系统	有数据库管理系统
	处理方式	批处理	联机实时处理、批处理	联机实时处理、分布处理、批处理
特点	数据的管理者	用户(程序员)	文件系统	数据库管理系统
	数据面向的对象	某一应用程序	某一应用	现实世界
	数据的共享程度	无共享，冗余度极大	共享性差，冗余度大	共享性高，冗余度小
	数据的独立性	不独立，完全依赖于程序	独立性差	具有高度的物理独立性和一定的逻辑独立性
	数据的结构化	无结构	记录内有结构，整体无结构	整体结构化，用数据模型描述
	数据控制能力	应用程序自己控制	应用程序自己控制	由数据库管理系统提供数据安全性、完整性、并发控制和恢复能力

1.2　数据库概念

1.2.1　数据库

数据库(database，DB)，顾名思义，存放数据的仓库。只不过这个仓库是在计算机存储设备上，而且数据是按一定的格式存放的。人们收集并抽取出一个应用所需要的大量数据之后，将其保存起来以供进一步加工处理，进一步抽取有用信息。

数据库是指长期存储在计算机内的、有组织的、可共享的数据集合。数据库中的数据按一定的数据模型组织、描述和存储，具有较小的冗余度、较高的数据独立性和易扩展性，并可以被各种用户共享。

1.2.2　数据库管理系统

数据库管理系统(database management system，DBMS)是位于用户与操作系统之间的一款数据管理软件。市场上可以看到各种各样的数据库管理系统软件产品，如 Oracle、SQL Server、Access、Informix、Sybase 等。其中 Oracle、SQL Server 数据库管理系统适用于大中型数据库；Access 是微软公司 Office 办公套件中一个极为重要的组成部分，是目前世界上最流行的桌面数据库管理系统，它适用于中小型数据库应用系统。

数据库管理系统的主要功能包括以下几个方面。

(1) 数据定义功能。数据库管理系统提供数据定义语言(data definition language，DDL)，通过它可以方便地对数据库中的数据对象进行定义。

(2) 数据操纵功能。数据库管理系统还提供数据操纵语言(data manipulation language，DML)，使用 DML 操纵数据实现对数据库的基本操作，如查询、插入、删除和修改等。

(3) 数据库控制功能。数据库管理系统还提供数据控制语言(data control language，DCL)，数据库在建立、运用和维护时由数据库管理系统统一管理、统一控制，以保证数据的安全性、完整性、多用户对数据的并发使用及发生故障后的系统恢复。

(4) 其他功能。它包括数据库初始数据的输入、转换功能，数据库的转储、恢复功能，数据库的管理重组织功能和性能监视、分析功能等。

1.2.3　数据库系统

数据库系统(database system，DBS)是指在计算机系统中引入数据库后的系统构成。在不引起混淆的情况下，常常把数据库系统简称为数据库，一般由五部分组成：硬件系统、数据库集合、数据库管理系统及相关软件、数据库管理员和用户。

1. 硬件系统

运行数据库系统的计算机需要有足够大的内存、足够大容量的磁盘等联机直接存取设备和较高的通道能力以支持对外存的频繁访问。还需要足够数量的脱机存储介质，如软盘、磁带存放数据库备份。

2. 数据库集合

数据库系统包括若干个设计合理、满足应用需要的数据库。

3. 数据库管理系统及相关软件

数据库管理系统在 1.2.2 节已介绍过，是为数据库的建立、使用和维护而配置的软件，它是数据库系统的核心组成部分，当然也离不开支持其运行的操作系统，不仅可以使用数据库管理系统自含的语言，而且可以使用其他程序设计语言及工具软件开发数据库应用系统。

4. 数据库管理员

对于较大规模的数据库系统，必须有人全面负责建立、维护和管理。承担此任务的人员称为数据库管理员(database administrator，DBA)。

数据库管理员的职责包括：定义并存储数据库的内容，监督和控制数据库的使用，负责数据库的日常维护，必要时重新组织和改进数据库。

5. 用户

数据库系统的用户分为两类：一类是最终用户，主要对数据库进行联机查询或通过数据库应用系统提供的界面来使用数据库，这些界面包括菜单、表格、图形和报表；另一类是专业用户，即应用程序员，他们负责设计应用系统的程序模块，为最终用户开发适用的数据库应用系统。

1.3 数 据 模 型

1.3.1 数据模型描述

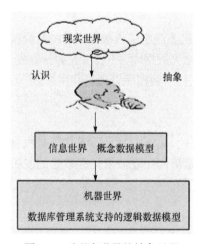

图 1-1 对现实世界的抽象过程

在数据库中用数据模型这个工具来抽象、表示和处理现实世界中的数据和信息。通俗地讲，数据模型就是现实世界的模拟。

计算机不能直接处理现实世界中的具体事物，所以人们必须把具体事物抽象并转换成计算机能够处理的数据。一般要经过以下两个阶段。

(1) 将现实世界中的客观对象抽象为信息世界的概念数据模型。

(2) 将信息世界的概念数据模型转换成机器世界的逻辑数据模型，如图 1-1 所示。

由上述两个阶段可知，数据模型分成两个不同的类型。

(1) 第一类模型是概念数据模型。它面向现实世界，按用户的观点对数据和信息建模，强调语义表达能力，建模容易、方便，概念简单、清晰，易于被用户所理解，是现实世界到信息世界的第一层抽象，是终端用户和数据库设计人员之间进行交流的语言。概念数据模型主要用在数据库的设计阶段，与数据库管理系统无关。常用的概念数据模型之一是实体-联系(entity-relationship，E-R)模型。

(2) 第二类模型是逻辑数据模型(简称数据模型)。逻辑数据模型是面向机器世界的，它按照计算机系统的观点对数据建模，各种机器上实现的数据库管理系统软件都是基于某种逻辑数据模型的。逻辑数据模型主要包括网状模型、层次模型(这两者又称为非关系模型)、关系模型、面向对象模型。

设计数据库系统时，通常利用第一类模型进行初步设计，之后按一定方法转换为第二类模型，再进一步设计全系统的数据库结构，最终在计算机上实现。

下面对两类模型的细节进行介绍。

1.3.2 概念数据模型

概念数据模型主要描述现实世界中实体以及实体和实体之间的联系。概念数据模型的表示方法很多，P.P.S. Chen 于 1976 年提出的 E-R 模型，是支持概念数据模型的最常用方法。E-R 模型使用的工具称为 E-R 图，它描述的是现实世界的信息结构。

1. E-R 模型的要素

E-R 模型主要包含 3 个要素：实体(entity)、属性(attribute)和联系(relationship)。

1) 实体

我们把客观存在并可相互区别的事物称为实体。实体可以是实际事物，也可以是抽象的事件。例如，一个学生、一个部门属于实际事物；一次订货、一场演出是比较抽象的事件。

E-R 图中，实体用矩形表示，矩形框内写上实体名称。

例如，产品、订单、员工、客户四个实体，如图 1-2 所示。

图 1-2　实体图

2) 属性

描述实体的特性称为属性。例如，产品实体用若干属性(产品 ID、产品代码、产品名称、成本、定价、类别、规格、库存数量、附件)来描述。

在 E-R 图中用椭圆表示实体的属性，椭圆内写上属性名，并用连线连到对应的实体，可以在标识属性下加下划线。

例如，产品、订单、客户、员工四个实体及其相应属性，如图 1-3～图 1-6 所示。

图 1-3　产品实体及其属性图

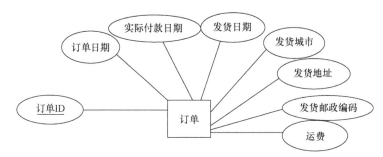

图 1-4　订单实体及其属性图

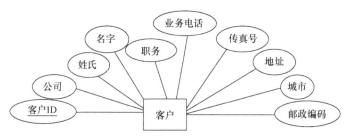

图 1-5　客户实体及其属性图

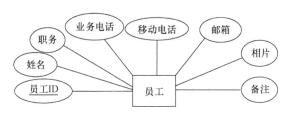

图 1-6　员工实体及其属性图

3) 联系

实体之间的对应关系称为联系，它反映现实世界事物之间的相互关联。

实体之间的联系通常是指不同实体之间的联系。例如，在"商品销售系统"数据库中，客户实体和订单实体之间就存在"订购"联系。

在 E-R 图中，实体之间的联系用菱形框表示，框内写上联系名，然后用连线与相关的实体相连。实体之间的联系可分为三类。

(1) 一对一联系(1 : 1)。如果实体 A 与实体 B 之间存在联系，并且对于实体 A 中的任意一个实例，实体 B 中至多有一个(也可以没有)实例与之关联，反之亦然，则称实体 A 与实体 B 具有一对一联系，记作 1 : 1。

例如，飞机的乘客和座位之间是 1 : 1 联系，要注意的是 1 : 1 联系不一定是一一对应的。联系本身也有属性，乘客与座位的联系"乘坐"的属性为"乘坐时间"，如图 1-7 所示。

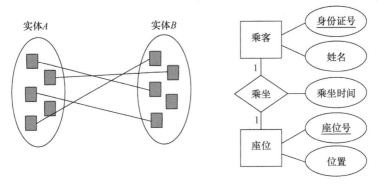

图 1-7　一对一联系

(2) 一对多联系(1 : n)。如果 A 中的每个实例可以和 B 中的几个实例有联系，而 B 中的每个实例至多和 A 中的一个实例有联系，那么 A 对 B 属于 1 : n 联系，这类联系较为普遍。

例如，客户与订单是一对多联系，如图 1-8 所示。

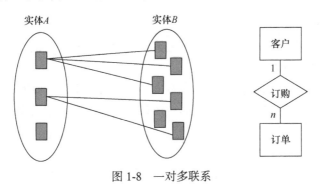

图 1-8　一对多联系

一对一联系可以看作一对多联系的一个特殊情况，即 $n=1$ 时的特例。

(3) 多对多联系($m : n$)。如果实体 A 与实体 B 之间存在联系，并且对于实体 A 中的任意一个实例，实体 B 中有 n 个实例($n \geq 0$)与之对应；而对实体 B 中的任意一个实例，实体 *A* 中有 *m* 个实例(*m*≥0)与之对应，则称实体 *A* 到实体 *B* 的联系是多对多的，记为 *m*∶*n*。

例如，产品和订单之间是多对多联系，如图 1-9 所示。

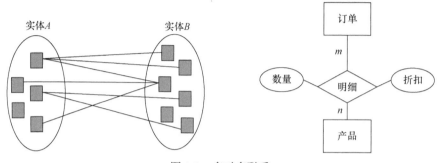

图 1-9　多对多联系

2. E-R 图

"商品销售系统"数据库 E-R 图(属性省略)，如图 1-10 所示。

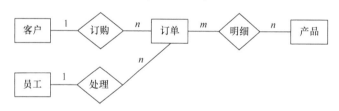

图 1-10　"商品销售系统"数据库 E-R 图

1.3.3　逻辑数据模型

目前，数据库领域中最常用的数据模型有四种，它们是：层次模型(hierarchical model)、网状模型(network model)、关系模型(relational model)、面向对象模型(object-oriented model)。

其中，层次模型和网状模型统称为非关系模型。非关系模型的数据库系统在 20 世纪 70 年代至 80 年代初非常流行，在数据库系统产品中占据了主导地位，现在已逐渐被关系模型的数据库系统取代。

1.4　关系数据模型

数据结构、数据操作和完整性约束这三个方面的内容完整地描述了一个数据模型，其中数据结构是刻画数据模型最基本的方面。

1.4.1 关系数据模型的数据结构

1. 二维表

在用户观点下，关系数据模型中数据的逻辑结构是一张二维表，它由行和列组成，如表1-2所示。

表 1-2 产品表

产品ID	产品代码	产品名称	成本/元	定价/元	类别	规格	库存数量/箱	附件
1001	NWTB-1	苹果汁	15.00	30.00	饮料	每箱24瓶	11000	
1002	NWTCFV-17	玉米片	9.00	15.00	点心	每箱24包	32200	
1003	NWTCFV-88	猪肉丁	12.00	19.00	肉罐头	每箱30盒	13000	
…	…	…	…	…	…	…	…	

2. 关系术语

(1) 关系：一个关系就是一张二维表，每个关系有一个关系名。

(2) 元组：表中的行称为元组，一行为一个元组。

(3) 属性：表中的列称为属性，每一列有一个属性名。这里的属性与前面讲的实体属性相同，属性值相当于记录中的数据项或者字段值。

(4) 域：属性的取值范围，即不同元组对同一个属性的取值所限定的范围。例如，逻辑型属性只能从逻辑真或逻辑假两个值中取值。

(5) 候选关键字(候选码)：如果一个属性集的值能唯一标识一个关系的元组而不含有多余的属性，则称该属性集为候选关键字。

候选关键字可以由一个属性组成，也可以由多个属性共同组成。

(6) 关系模式：对关系的描述称为关系模式。格式为：关系名(属性名 1，属性名2，…，属性名 n)。

【例 1.1】 已知关系模式：员工(员工 ID，姓名，职务，业务电话，移动电话，邮箱，相片，备注)，请确定其候选关键字。

由于属性"员工 ID"可以唯一标识"员工"关系中的元组，所以"员工"关系的候选关键字有 1 个，即"员工 ID"。

一个关系中可以有多个码，在"员工"关系中，假如"姓名"属性值不重复，"员工 ID"和"姓名"都可以作为码，可以选择其中的一个码为主码。

【例 1.2】 已知关系模式：订单明细(订单 ID，产品 ID，数量，折扣)，请确定其候选关键字。

"订单明细"的候选关键字有 1 个，它由两个属性构成，即订单 ID+产品 ID。

1.4.2　关系数据模型的数据操作

数据操作是指对数据库中各种对象(型)的实例(值)允许执行的操作的集合,包括操作及有关的操作规则。关系数据库主要有查询、插入、删除、修改四大操作。

现在关系数据库已经有了标准语言——结构化查询语言(structured query language, SQL),SQL 尽管字面上是结构化查询语言,但是它不仅具有丰富的查询功能,而且具有数据定义、数据操纵和数据控制等功能,是集查询语言、数据定义语言、数据操纵语言和数据控制语言于一体的关系数据语言,充分体现了关系数据语言的特点和优点。

1.4.3　关系数据模型的完整性约束

关系数据模型的完整性约束是对关系的某种约束条件,以保证数据的正确性、有效性和相容性。

关系数据模型中有三类完整性约束。

1. 实体完整性规则

(1) 主键不能取重复的值。例如,在"产品"表中,"产品 ID"字段为主键,这样就保证了表中没有重复记录,也没有不确定的记录存在。

(2) 主属性不能取空值。空值表示不确定的值,它既不是数值 0,也不是空字符串,而是一个未知的量、一个不确定的量。

实体完整性规则规定了关系的所有主属性都不可以取空值,而不仅是主键整体不能取空值。

例如,在"产品"表中,"产品 ID"字段为主键,这样就保证了表中没有不确定的记录存在。

又如,订单明细(订单 ID,产品 ID,数量,折扣)中,(订单 ID,产品 ID)为主键,则实体完整性要求"订单 ID"和"产品 ID"两个属性都不能取空值。

2. 参照完整性规则

参照完整性与表之间的联系有关,当插入、删除或修改一个表中的数据时,通过参照引用相互关联的另一个表中的数据,来检查对表的数据操作是否正确。

参照完整性规则的内容是:如果属性(或属性组)F 是关系 R 的外部关键字,它与关系 S 的主键 K 相对应,则对于关系 R 中每个元组在属性(或属性组)F 上的值或者等于 S 中某个元组的主键的值,或者取空值(F 的每个属性均为空值)。

【例 1.3】　　"商品销售系统"数据库中的三个关系如下:订单(订单 ID,客户 ID，员工 ID，订单日期，实际付款日期，发货日期，发货城市，发货地址，发货邮政编码，运费)；产品(产品 ID，产品代码，产品名称，成本，定价，类别，规格，库存数量，附件)；订单明细(订单 ID，产品 ID，数量，折扣)。

在这三个关系之间，"订单"关系和"产品"关系是**被参照关系**，"订单明细"关系是**参照关系**，"订单明细"关系中有两个外码，分别是"订单 ID"和"产品 ID"。

(1) "订单明细"关系中的"订单 ID"的取值必须参照"订单"关系中的"订单 ID"。

(2) "订单明细"关系中的"产品 ID"的取值必须参照"产品"关系中的"产品 ID"。

3. 用户自定义完整性(域完整性)

通过定义数据的类型、指定字段的宽度和设置输入有效性规则，可以限定表数据的取值类型和取值范围，对输入的数据进行有效性验证。

例如，"产品"表中的"成本"取值范围只能是 0～50，"订单"表中的"发货日期"必须大于"实际付款日期"等。

1.5　E-R 模型向关系模型的转换

E-R 模型向关系模型的转换一般遵循以下原则。

(1) 对于 E-R 图中的每个实体都应转换为一个关系模式。实体的属性就是关系模式的属性，实体的标识属性就是关系模式的主键。

(2) 对于 E-R 图中的联系，需要根据实体联系方式($1:1$、$1:n$、$m:n$)的不同，采取不同的手段加以实现。

具体转换手段见例 1.4、例 1.5、例 1.6。

需要说明的是，在 $1:1$ 联系和 $1:n$ 联系中，联系也可以单独转换成一个关系模式，但由于这种转换的结果会增加表的数量，导致查询效率降低，所以不推荐使用，这里就不再举例详细介绍这种转换方式了。

对于其他情况，应遵循以下原则。

(1) 三个或三个以上实体间的一个多元联系可以转换为一个关系模式。与该多元联系相连的各实体的标识属性以及联系本身的属性均转换为关系模式的属性。而关系模式的主键为各实体的标识属性的组合，同时新关系模式中的各实体的标识属性为参照各实体对应关系模式的外部关键字。

(2) 合并具有相同关键字的关系模式。为了减少系统中的关系模式个数，如果两个关系模式具有相同的关键字，可以考虑将它们合并为一个关系模式。合并方法是将其中一个关系模式的全部属性加入另一个关系模式中，然后去掉其中的同义属性，并适当调整属性的次序。

(3) 同一实体集的实体间的联系，即自联系，也可按上述 $1:1$、$1:n$ 和 $m:n$ 三种情况分别处理。

【例 1.4】 将图 1-7 的实体联系模型转换成关系模型。

(1) 两个实体转换成两个关系模式：乘客(身份证号，姓名)；座位(座位号，位置)。

(2) $1:1$ 联系的处理。将其中任意一个关系模式的主键、联系的属性加入另一个关系模式中，如乘客(身份证号，姓名)；座位(座位号，位置，**身份证号**，乘坐时间)或乘客(身份证号，姓名，**座位号**，乘坐时间)；座位(座位号，位置)。

【例 1.5】 将图 1-8 的实体联系模型转换成关系模型。

(1) 两个实体转换成两个关系模式：订单(订单 ID，订单日期，实际付款日期，发货日期，发货城市，发货地址，发货邮政编码，运费)；客户(客户 ID，公司，姓氏，名字，职务，业务电话，传真号，地址，城市，邮政编码)。

(2) $1:n$ 联系的处理。将 1 端关系模式的主键、联系的属性加入 n 端关系模式中，如订单(订单 ID，**客户 ID**，订单日期，实际付款日期，发货日期，发货城市，发货地址，发货邮政编码，运费)；客户(客户 ID，公司，姓氏，名字，职务，业务电话，传真号，地址，城市，邮政编码)。

【例 1.6】 将图 1-9 的实体联系模型转换成关系模型。

(1) 两个实体转换成两个关系模式：订单(订单 ID，订单日期，实际付款日期，发货日期，发货城市，发货地址，发货邮政编码，运费)；产品(产品 ID，产品代码，产品名称，成本，定价，类别，规格，库存数量，附件)。

(2) $m:n$ 联系的处理。针对 $m:n$ 联系，需要将联系"明细"转换成独立的关系模式。

将联系两端关系模式的主键、联系的属性加入，得到关系模式：订单明细(订单 ID，产品 ID，数量，折扣)。

综上，将"商品销售系统"数据库的 E-R 模型(图 1-10)转换成关系模型，得到五个关系模式：产品(产品 ID，产品代码，产品名称，成本，定价，类别，规格，库存数量，附件)；订单(订单 ID，客户 ID，员工 ID，订单日期，实际付款日期，发货日期，发货城市，发货地址，发货邮政编码，运费)；订单明细(订单 ID，产品 ID，数量，折扣)；客户(客户 ID，公司，姓氏，名字，职务，业务电话，传真号，地址，城市，邮政编码)；员工(员工 ID，姓名，职务，业务电话，移动电话，邮箱，相片，备注)。

1.6 数据库系统结构

数据库系统结构从不同的角度可以有不同的划分。

(1) 数据库内部系统结构。从数据库管理系统的角度看，数据库系统的结构采用三级模式结构，在这种模式下，形成了二级映像，实现了数据的独立性。

(2) 数据库外部系统结构。从数据库最终用户角度看，数据库系统的结构分为单用户结构、客户/服务器(client/server，C/S)结构、浏览器/服务器(browser/server，B/S)结构、分布式结构等。

1.6.1 数据库系统内部结构

1. 数据库系统的三级模式

数据库系统内部结构是指三级模式结构[外模式(external schema)、模式(schema)、内模式(internal schema)]，以及由三级模式之间形成的二级映像(外模式/模式映像、模式/内模式映像)。

数据库系统的三级模式，如图 1-11 所示。

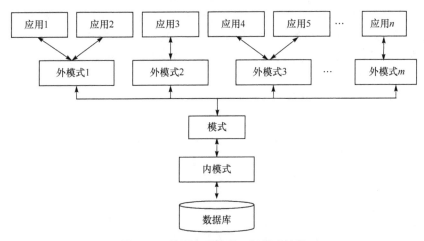

图 1-11 数据库系统的三级模式结构

1) 模式

模式也称逻辑模式、概念模式，是数据库中全体数据逻辑结构和特征的描述，描述现实世界中的实体及其性质与联系，是所有用户的公共数据视图。

数据库系统概念模式通常还包含访问控制、保密定义、完整性检查等方面的内容，以及概念/物理之间的映射。

　　模式实际上是数据库数据在逻辑级上的视图，一个数据库只有一个模式。定义模式时不仅要定义数据的逻辑结构，而且要定义数据之间的联系，定义与数据有关的安全性、完整性要求。

2) 外模式

　　外模式也称子模式、用户模式，它用于描述用户看到或使用的数据的局部逻辑结构和特性，用户根据外模式使用数据操作语句或应用程序操作数据库中的数据。外模式主要描述组成用户视图的各个记录的组成、相互关系、数据项的特征、数据的安全性和完整性约束条件。

　　外模式是数据库用户(包括程序员和最终用户)能够看见和使用的局部数据的逻辑结构和特征的描述，是数据库用户的数据视图，是与某一应用有关的数据的逻辑表示。一个数据库可以有多个外模式，一个应用程序只能使用一个外模式，一个外模式可以被多个应用程序使用。

　　外模式是保证数据库安全的重要措施，每个用户只能看见和访问所对应的外模式中的数据，而数据库中的其他数据均不可见。

3) 内模式

　　内模式也称存储模式，是整个数据库的底层表示。一个数据库只有一个内模式，它是数据物理结构和存储方式的描述，是数据在数据库内部的表示方式。

　　内模式定义的是存储记录的类型、存储域的表示、存储记录的物理顺序、指引元、索引和存储路径等数据的存储组织。例如，记录的存储方式是顺序结构存储还是 B 树结构存储；索引按什么方式组织；数据是否压缩、是否加密；数据的存储记录结构有何规定等。

　　三级模式的特点，如表 1-3 所示。

表 1-3　三级模式的特点

参数	外模式	模式	内模式
定义	数据库用户所看到的数据视图，是用户和数据库的接口	所有用户的公共视图	数据在数据库内部的表示方式
数量	可以有多个外模式	只有一个模式	只有一个内模式
应用	每个用户只关心与他有关的模式，屏蔽大量无关的信息，有利于数据保护	以某一种数据模型为基础，统一综合考虑所有用户的需求，并将这些需求有机地结合成一个逻辑实体	数据库管理系统对数据库中数据进行有效组织和管理的方法
管理	面向应用程序和最终用户	由数据库管理员决定	由数据库管理系统决定

　　综上所述，模式是内模式的逻辑表示，内模式是模式的物理实现，外模式是模式的部分抽取。一般而言，外模式对应视图、部分基本表(table)；模式对应基

本表；内模式对应相关存储文件。

2. 数据库系统的二级映像

数据库系统的三级模式是对数据库中数据的三级抽象，用户可以不必考虑数据的物理存储细节，而把具体的数据组织留给数据库管理系统管理。为了能够在内部实现数据库的三个抽象层次的联系和转换，数据库管理系统在这三级模式之间提供了二级映像：外模式/模式映像、模式/内模式映像。

1.6.2　数据库系统外部结构

数据库系统外部结构也称为数据库的应用结构，本节将介绍常见的几种数据库系统的外部体系结构。

1. 单用户结构

单用户结构指整个数据库系统(应用程序、数据库管理系统、数据)装在一台计算机上，被一个用户独占，不同机器之间不能共享数据。

2. C/S 结构

C/S 结构允许应用程序分布在客户端和服务器上执行，充分发挥客户端和服务器两方面的性能。

客户端的用户请求被传送到数据库服务器，数据库服务器进行处理后，只将结果返回给用户，从而显著减少了数据传输量。客户端与服务器一般都能在多种不同的硬件和软件平台上运行，可以使用不同厂商的数据库应用开发工具。

C/S 结构的主要缺点是：相同的应用程序要重复安装在每一台客户机上，部署和维护成本较高。系统规模达到数百或数千台客户机，它们的硬件配置、操作系统又常常不同，要为每一台客户机安装应用程序和相应的工具模块，其安装、维护代价令人难以接受。

C/S 结构适用于用户数较少、数据处理量较大、交互性较强、数据查询灵活和安全性要求较高的局域网系统中。

3. B/S 结构

随着应用系统规模的扩大，C/S 结构的某些缺陷表现得非常突出。例如，客户端软件的安装、升级、维护以及用户的培训等，都随着客户端规模的扩大而变得相当艰难。互联网的快速发展为这些问题的解决提供了有效的途径，这就是 B/S 结构。

在互联网结构下，C/S 结构自然延伸为三层或多层结构，形成 B/S 结构。这种方式下，Web 服务器可以运行大量应用程序，从而使客户端变得很简单。客户端只用安装浏览器软件(如 Internet Explorer)即可，浏览器的界面统一，广大用户容易掌握，大大减少了培训时间与费用。

B/S 结构适用于用户多、数据处理量不大、地点灵活的广域网系统中。

4. 分布式结构

分布式数据库系统是数据库技术与网络技术相结合的产物，其特点是分布式数据库是由一组数据库组成的。

数据库中的数据在逻辑上是一个整体，但物理地分布在计算机网络的不同节点上。网络中的每个节点都可以独立处理本地数据库中的数据，执行局部应用；也可以同时存取和处理多个异地数据库中的数据，执行全局应用。

分布式数据库满足了地理上分散的公司、团体和组织对于数据库应用的需求。

本 章 小 结

本章介绍了计算机数据管理技术发展的三个阶段及其特点、数据库的基本概念及数据库系统的组成，详细讲解了两种数据模型(概念数据模型、逻辑数据模型)以及 E-R 模型向关系模型转换的规则，重点介绍了关系模型的有关术语、特点、完整性规则、关系规范化，最后介绍了数据库系统结构。

习　　题

1. 简述计算机数据管理经历的发展阶段。
2. 解释名词：数据、数据库、数据库管理系统、数据库系统。
3. 数据库系统主要由哪几部分组成？各有什么作用？
4. 举例说明两个实体之间的联系的类型。
5. 什么叫概念模型？概念模型有什么用途？如何表示概念模型？
6. 假定一台机器可以由若干个工人操作，加工若干种零件，某个工人加工某种零件是在一台机器上完成的这道工序，而一个零件需要多道工序才能完成。用 E-R 图表示机器、零件和工人这三个实体之间的多对多联系。
7. 假定允许每个仓库存放多种零件，每种零件也可在多个仓库中存放，而每个仓库中保存的零件都有库存数量。仓库的属性有仓库号、面积、电话号码。零件的属性有零件号、名称、规格、单价。根据上述说明画出 E-R 图。
8. 假定每个读者最多可借阅 5 本书，同一本书允许多人相继借阅，一个读者每借一本书都要登记借书日期。借书人的属性有借书证号、姓名、单位。图书的属性有馆内编号、书号、书名、作者、位置。根据上述说明画出 E-R 图。

9. 指出下列关系模式的主码:

(1) 考试情况(课程号,考试性质,考试日期,考试地点)

假设一门课程在不同的日期可以有多次考试,但在同一天只能考一次,多门不同的课程可以同时进行考试。

(2) 教师授课(教师号,课程号,授课时数,学年,学期)

假设一名教师在同一学年和学期可以讲授多门课程,也可以在不同的学年和学期多次讲授同一门课程,对每门课程的讲授都有一个授课时数。

(3) 图书借阅(书号,读者号,借书日期,还书日期)

假设一个读者可以在不同的日期多次借阅同一本书,一个读者可以借阅多本不同的图书,一本书可以在不同的时间借给不同的读者。但一个读者不能在同一天对同一本书借阅多次。

10. 关系模式的数据完整性包含哪些内容?分别说明每一种完整性的作用。

第 2 章　创建 Access 数据库

数据库是指长期存储在计算机内的、有组织的、可共享的数据集合，而通俗地说，数据库就是相关数据的集合。数据库设计是建立数据库及其应用系统的技术，是信息系统开发和建设中的核心技术。Microsoft Access 作为一种关系数据库管理系统(relational database management system，RDBMS)，是中小型数据库应用系统的理想开发环境。在 Access 中，数据库被组织为一个以.accdb 为后缀名的文件，该文件中包含表、查询、窗体、报表、宏和模块六种对象。本章主要介绍数据库和表的相关创建与使用操作。

2.1　Access 开发环境

2.1.1　Access 简介

Access 是微软公司推出的基于 Windows 的桌面关系数据库管理系统，是 Office 系列应用软件之一。它提供了表、查询、窗体、报表、宏、模块六种对象来建立数据库系统；提供了多种向导、生成器、模板，把数据存储、数据查询、界面设计、报表生成等规范化操作；为建立功能完善的数据库管理系统提供了方便，也使得普通用户不必编写代码，就可以完成大部分数据管理的任务。它作为 Office 的一部分，具有与 Word、Excel 和 PowerPoint 等相同的操作界面和使用环境，深受广大用户的喜爱。

Access 是一个面向对象的开发工具，利用面向对象的方式将数据库系统中的各种功能对象化，将数据库管理的各种功能封装在各类对象中。它将一个应用系统当作由一系列对象组成的，对每个对象都定义一组方法和属性，以定义该对象的行为，用户还可以按需要给对象扩展方法和属性。通过对象的方法、属性完成数据库的操作和管理，极大地简化了用户的开发工作。同时，这种面向对象的开发方式，使应用程序开发更为简便。

Access 是一个可视化工具，风格与 Windows 完全一样，用户想要生成对象并应用，只要使用鼠标进行拖放即可，非常直观方便。系统还提供了表生成器、查询生成器、报表设计器以及数据库向导、表向导、查询向导、窗体向导、报表向导等工具，使操作简便，容易使用和掌握。

Access 支持开放数据库互连(open data base connectivity，ODBC)，利用 Access

强大的动态数据交换(dynamic data exchange，DDE)与对象的连接和嵌入(object linking and embedding，OLE)特性，可以在一个数据表中嵌入位图、声音、Excel 表格、Word 文档，还可以建立动态的数据库报表和窗体等。

2.1.2　Access 的数据库对象

Access 实质上就是一个面向对象的可视化数据库管理工具，它提供了一个完整的对象类集合。我们在 Access 环境中的所有操作与编程都是面向这些对象进行的。Access 的对象是数据库管理的核心，是其面向对象设计的集中体现。用一套对象来反映数据库的构成，极大地简化了数据库管理的逻辑图像。通过面向对象的相关运算，就可以操作一个数据库的所有部分。

Access 数据库对象是 Access 中的一级容器对象，其中可以包含 Access 数据表对象、查询对象、窗体对象、报表对象、宏对象、VBA(visual basic for applications)模块对象。每一个对象都是数据库的一个组成部分。其中，表是数据库的基础，它记录数据库中的全部数据内容。其他对象是 Access 提供的，用于对数据库进行维护。Access 所提供的对象均存放在同一个数据库文件(.accdb)中。

进入 Access 2010，打开罗斯文示例数据库，可以看到如图 2-1 所示的界面，在这个界面的"对象"栏中，包含 Access 2010 的六个对象。在"组"栏中，包含数据库中不同类型对象的快捷方式的列表，通过创建组，并将对象添加到组，从而创建了相关对象的快捷方式集合。

图 2-1　Access "数据库"对象窗口

1. 表

表是 Access 2010 中所有其他对象的基础，表存储了其他对象在 Access 2010 中执行任务和活动的数据。每个表由若干记录组成，每条记录都对应于一个实体，同一个表中的所有记录都具有相同的字段定义，每个字段存储着对应于实体的不同属性的数据信息，如图 2-2 所示。

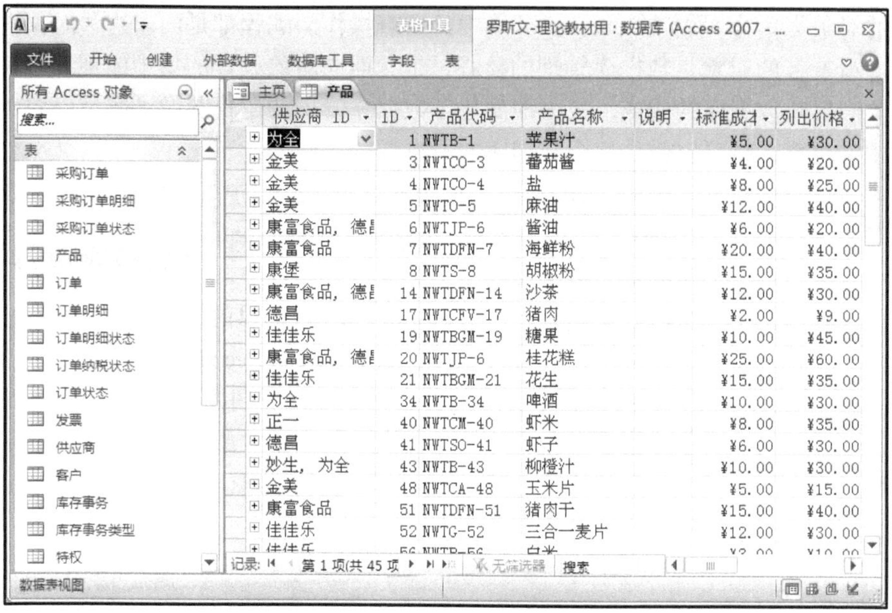

图 2-2　"表"对象窗口

每个表都必须有主键，其值能唯一标识一条记录的字段，以使记录唯一(记录不能重复，它与实体一一对应)。表可以建立索引，以加速数据查询。具有复杂结构的数据无法用一个表表示，可用多个表表示，表与表之间可建立关联。

2. 查询

查询是在指定的(一个或多个)表中根据给定的条件从中筛选所需要的信息，供使用者查看、更改和分析使用，是 Access 2010 数据库处理和分析数据的工具，如图 2-3 所示。

查询是 Access 2010 数据库的一个重要对象，通过查询可筛选出符合条件的记录，构成一个新的数据集合。从中获取数据的表或查询称为该查询的数据源。查询的结果也可以作为数据库中其他对象的数据源。

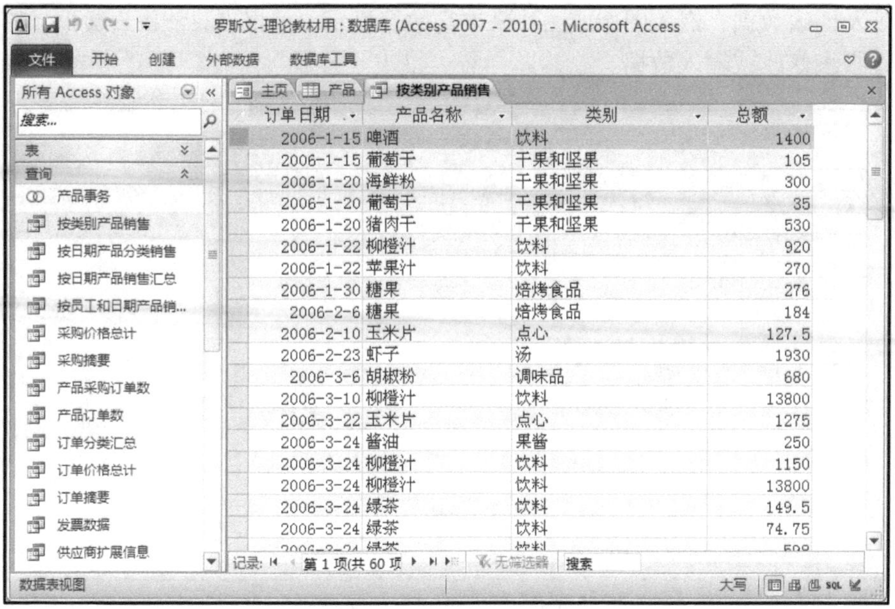

图 2-3　"查询"对象窗口

3. 窗体

窗体是用户与 Access 数据库应用程序进行数据传递的桥梁，其功能在于建立一个可以查询、输入、修改、删除数据的操作界面，以便让用户能够在最方便的环境中输入或查阅数据。窗体为用户提供一个交互式的图形界面，用于进行数据的输入、显示及应用程序的执行控制，如图 2-4 所示。在窗体中可以运行宏和模块，以实现更加复杂的功能。在窗体中也可以进行打印。窗体中的信息主要有两类：一类是设计者在设计窗体时附加的一些提示信息，例如，一些说明性的文字或一些图形元素，这些信息对数据表中的每一条记录都是相同的，不随记录而变化；另一类是处理表或查询的记录，往往与所处理记录的数据密切相关，当记录变化时，这些信息也随之变化。可以设置窗体所显示的内容，还可以添加筛选条件来决定窗体中所要显示的内容。窗体显示的内容可以来自一个表或多个表，也可以是查询的结果，还可以使用子窗体来显示多个数据表。

4. 报表

报表用于将选定的数据以特定的版式显示或打印，是表现用户数据的一种有效方式，其内容可以来自某一个表，也可以来自某个查询，如图 2-5 所示。在 Access 中，报表能对数据进行多重的数据分组并可将分组的结果作为另一个分组的依据，报表还支持对数据的各种统计操作，如求和、求平均值或汇总等，还可以包含子报表及图表数据，嵌入图像或图片来丰富数据显示。但报表只能查看数据，不能通过报表修改或输入数据。

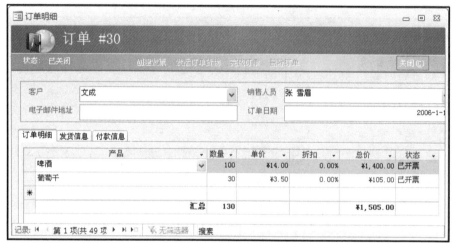

图 2-4　"窗体"对象窗口

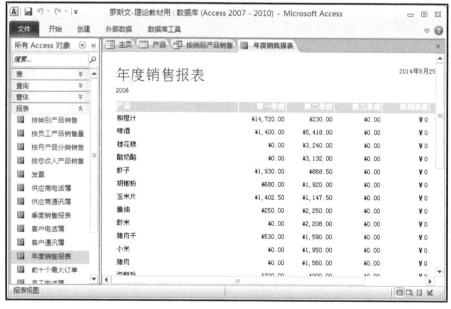

图 2-5　"报表"对象窗口

5. 宏

宏是一个或多个命令的集合，用来简化一些经常性的操作。其中每个命令都可以实现特定的功能，通过将这些命令组合起来，可以自动完成某些经常重复或复杂的操作。用户可以设计一个宏来控制一系列的操作，当执行这个宏时，就会按这个宏的定义依次执行相应的操作。宏可以用来打开并执行查询、打开表、打开窗体、执行打印、显示报表、修改数据及统计信息、修改记录、修改数据表中的数据、插入记录、删除记录、关闭数据库等，也可以运行另一个宏或模块。在 Access 中，宏并不能单独执行，必须有一个触发器。而这个触发器通常是由窗体、页及其上面的控件的各种事件来担任的。如果创建了一个事件宏，当用户执行一个特定操作时，如双击一个控件或右击窗体的主体时，Access 2010 就会启动这个宏。如果创建了一个条件宏，当用户设置的条件得到满足时，条件宏就会运行。

6. 模块

模块就是所谓的"程序"，即用 Access 2010 所提供的 VBA 语言编写的程序段。VBA 程序设计使用的是现在流行的面向对象的程序设计方法。VBA 语言是 VB(visual basic)的一个子集。模块中的每一个过程都可以是一个函数过程或一个子程序。模块可以与报表、窗体等对象结合使用，以建立完整的应用程序。Access 虽然在不需要撰写任何程序的情况下就可以满足大部分用户的需求，但对于较复杂的应用系统而言，只靠 Access 的向导及宏仍然稍显不足。所以 Access 提供 VBA 程序命令，可以自如地控制细微或较复杂的操作。

2.2 创建数据库

数据库是 Access 数据库管理系统最基本的容器对象，存储数据库应用系统中的其他数据库对象。它是一些关于某个特定主题或目的的信息集合，以一个单一的数据库文件(*.accdb)形式存储在磁盘中，具有管理本数据库中所有信息的功能。创建一个数据库是应用 Access 建立信息系统的第一步工作。

在 Access 中创建数据库有两种方法：一是使用模板创建，模板数据库可以原样使用，也可以对它们进行自定义，以便更好地满足需要；二是先创建一个空数据库，然后添加表、窗体、报表等其他对象，这种方法较为灵活，但需要分别定义每个数据库元素。无论采用哪种方法，都可以随时修改或扩展数据库。

2.2.1 使用模板创建数据库

为了方便用户的使用，Access 2010 提供了一些标准的数据框架，又称为"模板"。这些模板不一定符合用户的实际要求，但在向导的帮助下，对这些模板稍加修改，即可建立一个新的数据库。另外，通过这些模板还可以学习如何组织构造一个数据库。

Access 提供了种类繁多的模板，使用它们可以加快数据库创建过程。模板是随即可用的数据库，其中包含执行特定任务时所需的所有表、窗体和报表。通过对模板的修改，可以使其符合自己的需要。

1. 本机上的模板

选择本机上的模板，会出现如图 2-6 所示的窗口。选择相应的模板向导，根据向导提示选择数据库中的表和字段、查询、报表等内容，完成数据库的创建。

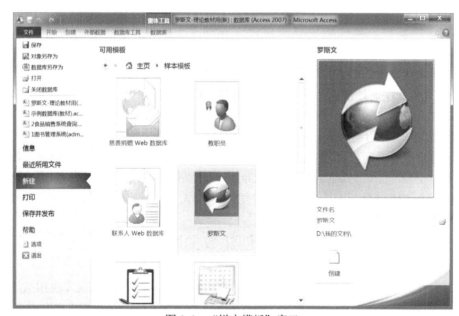

图 2-6　"样本模板"窗口

通过模板创建数据库虽然简单，但是有时候它根本满足不了实际的需要。一般来说，对数据库有了进一步了解之后，我们就不再用模板创建数据库了。

【例 2.1】　使用罗斯文数据库模板创建数据库。具体操作步骤如下。

(1) 执行"文件"选项卡下的"新建"命令。

(2) 在"可用模板"窗格下，单击"样本模板"图标打开"样本模板"窗口，如图 2-6 所示。

(3) 单击选中样本模板中的"罗斯文"图标，然后单击"文件名"浏览框右侧的" 📂 "图标，打开"文件新建数据库"对话框，指定数据库的名称和位置，然后单击"确定"按钮，如图 2-7 所示。

　　(4) 再单击图 2-6 中"文件名"浏览框下方的"创建"按钮，即可创建所选样本模板的数据库；或直接双击所选样本模板图标也可，如图 2-8 所示。

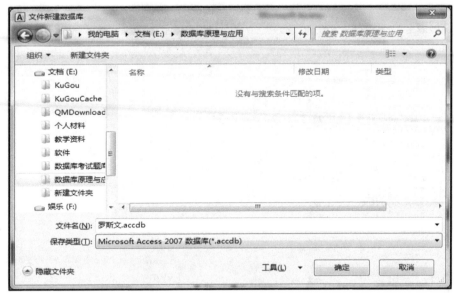

图 2-7　　"文件新建数据库"对话框

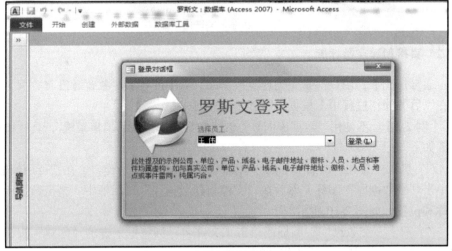

图 2-8　　所选样本模板的数据库窗口

其他可用模板的具体操作可根据向导提示完成。

2. Office.com 模板

选择 Office.com 模板窗格中的选项可在线查找所需要的数据库模板。执行"文件"选项卡下的"新建"命令，出现如图 2-9 所示的窗口。选择 Office.com 模板相应的模板类别下载数据库模板，然后根据模板创建数据库。

图 2-9　"新建"文件任务窗口

2.2.2　直接创建空数据库

通常情况下，用户都是先创建空数据库，其中的各类对象暂时没有数据，而是在以后的操作过程中，根据需要逐步建立起来。

【例 2.2】　不使用"数据库向导"创建空数据库"商品销售系统"。具体操作步骤如下。

(1) 执行"文件"选项卡下的"新建"命令，打开新建窗口，在"可用模板"中单击"空数据库"图标，然后在"文件新建数据库"对话框中，指定数据库的名称和位置，如图 2-10 所示。

(2) 双击"空数据库"图标或单击"文件名"浏览框下方的"创建"按钮，便可创建"商品销售系统"空数据库，如图 2-11 所示。

还可以在桌面上右击，在弹出的快捷菜单中选择"新建"选项，再选择"Microsoft Access.数据库"选项，便可在桌面上创建一个空的数据库，然后将其更名为"商品销售系统"，双击其图标即可打开数据库。

图 2-10　新建空数据库窗口

图 2-11　新建"商品销售系统"空数据库窗口

2.3　数据库的打开与关闭

2.3.1　打开数据库

有多种方式可以打开一个已存在的数据库：可以使用"文件"选项卡中的"打

开"命令或单击"文件"选项卡中最近刚使用过的数据库图标;或直接在桌面和资源管理器中双击要打开的数据库文件。下面以使用"文件"选项卡的"打开"命令为例进行介绍。

【例 2.3】 打开已创建的"罗斯文"数据库。具体操作步骤如下。

(1) 启动 Microsoft Access 2010,如图 2-12 所示。

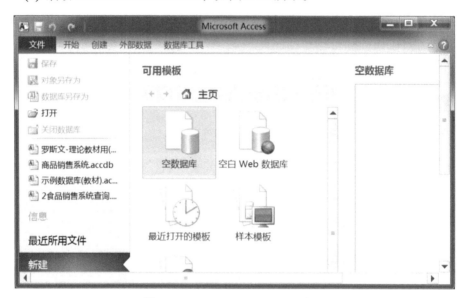

图 2-12　Microsoft Access 2010 窗口

(2) 执行"文件"选项卡中的"打开"命令。

(3) 在弹出的"打开"对话框中,打开包含所需数据库的文件夹,单击选中要打开的"罗斯文"数据库,如图 2-13 所示。

(4) 选择打开方式(如果不选择,可直接单击"打开"按钮打开所选数据库),如图 2-14 所示。

本步骤说明如下。

①若要在多用户[多用户(共享)数据库:该数据库允许多个用户同时访问并修改同一数据集]环境下打开共享的数据库,使自己和其他用户都能读写数据库,请单击"打开"按钮。

②若要以只读方式打开数据库,使用户能查看但不能编辑,请单击"打开"按钮旁边的下三角箭头,再选择"以只读方式打开"选项。

③若要以独占(独占:对网络共享数据库中数据的一种访问方式,当以独占模式打开数据库时,也就禁止了他人打开该数据库)方式打开数据库,请单击"打开"按钮旁边的下三角箭头,再选择"以独占方式打开"选项。

图 2-13　选中"罗斯文"数据库

图 2-14　选择打开方式

④如果要以只读访问方式打开数据库，并且防止其他用户打开，可单击"打

开"按钮旁边的下三角箭头，再选择"以独占只读方式打开"选项。

(5) 单击"打开"按钮，进入"罗斯文"数据库的登录对话框，如图 2-15 所示。

图 2-15 "罗斯文"数据库登录对话框

(6) 单击"登录"按钮，打开"罗斯文"数据库的主页。

使用 Microsoft Access 2010 可以在一个数据库文件中管理所有的用户信息。在该文件中，可以进行以下操作。

(1) 用表存储数据。

(2) 用查询查找和检索所需的数据。

(3) 用窗体查看、添加和更新表中的数据。

(4) 用报表以特定的版式分析或打印数据。

(5) 用宏实现自动执行重复性工作的功能。

(6) 用模块创建自定义菜单、工具栏和具有其他功能的数据库应用系统。

2.3.2 关闭数据库

在"文件"选项卡中执行"关闭数据库"命令可关闭该数据库文件，或单击窗口右上角的" X "按钮即可关闭该数据库文件并退出 Microsoft Access 2010。

2.4 创建数据表

建立了空的数据库之后，即可向数据库中添加对象，其中最基本的是表。表是关系数据库中最重要的数据对象，以字段和记录的形式存放数据库中需要管理的数据，是存储数据的基本单元。因此创建数据库以后，首先就是创建表。

表以行、列的格式组织数据，每一行称为一条记录，每一列称为一个字段。字段中存放的信息种类很多，包括文本、数字、日期、货币、OLE 对象等，每个字段包含了一类信息，大部分表中都要设置关键字，用以唯一标识一条记录。

表的创建包括两部分，一部分是表的结构创建，另一部分是表的数据输入。简单表的创建有多种方法，使用模板、使用表设计、通过输入数据都可以创建表。最简单的方法是使用模板，当用户使用模板创建数据库时，会相应地创建表。最常用的方法是使用表设计，在设计视图下先设计表的字段属性，然后在表的数据表视图中输入数据。

2.4.1 使用表设计创建表

虽然模板提供了一种简单快捷的方法来创建表，但如果模板不能提供用户所需要的字段，用户还需重新创建。使用设计视图创建表是 Access 中常用的方法之一，在设计视图中，用户可以为字段设置属性，如图 2-16 所示。

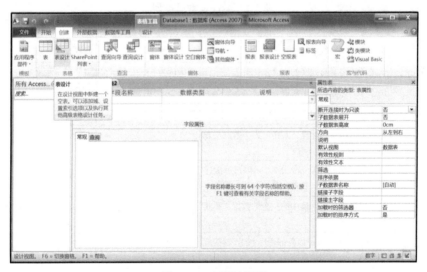

图 2-16 表设计视图

表设计是一种可视化工具，用于设计和编辑数据库中的表。该方法以设计视图为界面，引导用户通过人机交互来完成对表的定义。

在表设计视图中设计表，主要涉及字段属性的设置。字段有一些基本属性(如字段名、数据类型、字段宽度及小数点位数)，另外对于不同的字段，还会有一些不同的其他属性。每一个字段的可用属性取决于为该字段选择的数据类型。

1. 字段名称

字段是通过在表设计器的字段输入区输入字段名和字段数据类型而建立的。表中的记录包含许多字段，分别存储着关于每个记录的不同类型的信息(属性)。每个字段应具有唯一的名字，称为字段名。字段名中可以使用大写或小写或大小写混合的字母。字段名最长可达 64 个字符，但是用户应该尽量避免使用过长的字段名。

字段名的命名规则如下。

(1) 长度为 1~64 个字符。

(2) 可以包含字母、汉字、数字、空格和其他字符，但不能以空格开头。

(3) 不能包含句号(.)、惊叹号(!)、方括号([ ])和重音符号(')。

(4) 不能使用美国标准信息交换代码(American Standard Code for Information Interchange，ASCII)为 0~32 的 ASCII 字符。

2. 数据类型

Access 提供了十二种数据类型，如表 2-1 所示。

表 2-1　Access 数据类型

数据类型	说明	大小	示例
文本	文本或文本与数字的组合(默认值)	最大值为 255 个字符	姓名，如"张三"
备注	长文本或文本与数字的组合	最大值为 65535 个字符	说明或备注
数字	用于算术计算的数字数据	1B、2B、4B 或 8B	身高，如 165cm
日期/时间	创建日期或时间的字段	8B	出生日期，如 10/10/2008
货币	可用于货币值的计算，其精度为小数点左方 15 位及右方 4 位	8B	商品价格，如 50.66 元
自动编号	在添加记录时自动插入的唯一顺序(每次递增 1)或随机编号，这些编号不能进行更新	4B	客户标识号，如 10001
是/否	用于只可能是两个值中的一个的数据，不允许为 Null 值	1 位	例如，"是/否""真/假""开/关"
OLE 对象	用于存储由 Access 以外的程序创建、链接或嵌入 Access 表中的对象	最多为 1GB(受可用磁盘空间的限制)	附件，如 Excel 工作表、Word 文档、图形或声音
超链接	用于保存超链接的地址，可以是 UNC 路径或 URL，以文本形式存储	最长为 64000 个字符	例如，www.sina.com
附件	可允许向 Access 数据库附加外部文件的特殊字段	取决于附件	—
计算	可输入一个表达式以计算其值	取决于表达式	Between 0 and 100
查阅向导	用于使用列表框或组合框，它可以创建一个"查阅"字段	取决于用于执行查阅的主键字段的大小，一般为 4B	—

其中常用数字类型如表 2-2 所示。

表 2-2　Access 常用数字类型

字段大小	说明	小数位数	存储大小
整型	−32768～32767	没有	2B
长整型	−2147483648～2147483647	没有	4B
单精度型	取值范围: 负值−3.402823×10^{38}～−1.401298×10^{-45} 正值 1.401298×10^{-45}～3.402823×10^{38}	7	4B
双精度型	取值范围: 负值−1.79769313486231×10^{308}～−4.94065645841247×10^{-324} 正值 4.94065645841247×10^{-324}～1.79769313486231×10^{308}	15	8B

对于某一具体数据而言，可以使用的数据类型可能有多种，例如，电话号码可以使用数字型，也可以使用文本型，但只有一种是最合适的。

使用 Access 2010 的数据类型时，需要注意以下几个问题。

(1) 备注、超链接和 OLE 对象字段不能进行索引。

(2) 对于数字、日期/时间、货币及是/否等数据类型，Access 提供了预定义显示格式，用户可以设置格式属性来选择所需要的格式。

(3) 如果表中已经输入数据，在更改字段的数据类型时，若修改后的数据类型与修改前的数据类型发生冲突，则有可能丢失一些数据。

3. 字段的常规属性

常用字段属性及说明如表 2-3 所示。

表 2-3　常用字段属性及说明

字段属性	说明	备注
字段大小	"字段大小"属性指定文本型字段的长度(最多字符数)或数值型字段的类型和大小	如中文名字可设置为 10B
格式	"格式"属性指定应如何显示和打印字段	如将入学时间显示为短日期"2013-9-10"
输入掩码	"输入掩码"属性为字段的数据输入指定模式	如输入值的哪几位才能输入数字、什么地方必须输入大写字母等，可用"输入掩码向导"来编辑输入掩码
标题	"标题"属性为窗体或报表上使用的字段提供标签	一般情况不设置，让它自动取这个字段的字段名，这样当在窗体上用到这个字段的时候就会把字段名作为它的标题来显示
默认值	"默认值"属性为所有新记录提供默认信息	在某些确定的情况下，可减少用户输入的数据量，如学生地址的默认值可设为"云南财经大学"
有效性规则	"有效性规则"属性在保存用户输入的数据之前验证数据	如可设置学生的出生日期必须小于当前的计算机系统日期

字段属性	说明	备注
有效性文本	"有效性文本"属性在因数据无效而被拒绝时显示一则消息	如显示:"请输入正确的出生日期。"
必填字段	"必填字段"属性将字段定义为填写记录所必需的数据	如学生必须有学号
允许空字符串	"允许空字符串"属性允许要填写的记录有不包含数据的字段	—
索引	"索引"属性设置对该字段是否进行索引以及索引的方式	索引可以提高数据查询或排序的速度,但会使数据更新的速度变慢

设置输入掩码有以下方法。

(1) 直接输入掩码,如学号必须输入 8 位数字,掩码为 "00000000;;-",表示只能输入 8 个字符,系统默认显示 8 个 "-"。

(2) 输入掩码向导(单击 "输入掩码" 后的 "…" 按钮),如入学时间按 "1999 年 9 月 1 日" 格式输入。常用掩码字符如表 2-4 所示。

表 2-4 Access 中的常用掩码字符

掩码字符	说明
0	数字(0~9,必选项;不允许使用加号和减号)
9	数字或空格(非必选项;不允许使用加号和减号)
#	数字或空格(非必选项;空白将转换为空格,允许使用加号和减号)
L	字母(A~Z,必选项)
?	字母(A~Z,可选项)
A	字母或数字(必选项)
a	字母或数字(可选项)
&	任一字符或空格(必选项)
C	任一字符或空格(可选项)
. , : ; - /	十进制占位符和千位、日期和时间分隔符(实际使用的字符取决于 Microsoft Windows 控制面板中指定的区域设置)
<	使其后所有的字符转换为小写
>	使其后所有的字符转换为大写
\	使其后的字符显示为原义字符,可用于将该表中的任何字符显示为原义字符(例如,\A 显示为 A)
密码	将 "输入掩码" 属性设置为 "密码",以创建密码项文本框。文本框中键入的任何字符都按字面字符保存,但显示为星号(*)

4. 主键及索引

1) 定义主键

在 Access 数据库中，每一个数据表一定包含一个主键，主键可以由一个或多个字段组成。设置主键能够大大提高查询和排序速度，在窗体或数据表中查看数据时，Access 数据库将按主键顺序显示数据，插入新记录时，系统会自动检查数据是否重复，特别是主键不能重复。

主键有三种：单个字段、组合字段和自动编号。

定义主键有以下两种方法。

(1) 创建表时，系统提示创建主键，如果选"是"，系统将自动创建一个"自动编号"字段作为主键。

(2) 打开数据表设计视图，选择一个字段或按住 Ctrl 键选择多个字段，指向选中字段并右击，执行"主键"命令，设置结束后，字段前显示一个钥匙标志。

说明：使用"编辑"菜单中的"主键"命令，也可以设置主键。

2) 建立字段索引

在数据表中，主键能够自动设置索引。对备注、超链接和 OLE 对象等数据类型的字段不能设置索引。若字段的数据类型为文本、数字、货币或日期/时间，字段中含有要查找的值或字段中含有要排序的值，都可建立索引，也可根据要求建立组合索引。

索引选项有以下三种情况。

(1) 无(默认值)不索引。

(2) 有(有重复)索引且准许重复的数据。

(3) 有(无重复)索引且禁止重复的数据。

建立索引有以下两种方法。

(1) 打开数据表的设计视图，选择要设置的字段，在字段常规属性中选择"索引"选项，用于设置单字段索引。

(2) 本步分为以下三步。

①打开表的设计视图。

②单击"📝"(索引)按钮，打开"索引"对话框。

③在"索引名称"文本框中输入一个索引名称，在"字段列表"中选择字段，在"排列次序"中选择排序次序。

【例 2.4】　通过先创建表结构，即参照表 2-5 所示字段属性内容依次定义每个字段的名字、类型及长度等参数，再用录入数据的方式来创建如图 2-17 所示的"商品销售系统"数据库中的"产品"表。

表 2-5　产品表的字段属性

字段名	字段类型	长度	其他属性
产品 ID	数字/长整型		主键
产品代码	文本	10	
产品名称	文本	50	
成本	货币		
定价	货币		
类别	文本	50	
规格	文本	50	
库存数量	数字/长整型		
附件	附件		

产品 ID	产品代码	产品名称	成本	定价	类别	规格	库存数量	
1001	NWTB-1	苹果汁	¥15.00	¥30.00	饮料	每箱24瓶	11000	(0)
1006	NWTB-34	啤酒	¥10.00	¥20.00	饮料	每箱24瓶	10500	(0)
1008	NWTB-43	柳橙汁	¥8.00	¥15.00	饮料	每箱24瓶	34000	(0)
1012	NWTB-81	绿茶	¥20.00	¥30.00	饮料	每箱24瓶	3000	(0)
1017	NWTB-87	茶	¥15.00	¥30.00	饮料	每箱100包	12600	(0)
1020	NWTBGM-19	糖果	¥10.00	¥45.00	蜜饯	每箱30盒	12300	(0)
1024	NWTBGM-21	花生	¥15.00	¥35.00	干果和坚果	每箱30包	10800	(0)
1002	NWTCA-48	玉米片	¥9.00	¥15.00	点心	每箱24包	32200	(0)
1003	NWTCFV-17	猪肉丁	¥12.00	¥19.00	肉罐头	每箱30盒	13000	(0)
1004	NWTCFV-88	梨	¥11.00	¥25.00	水果和蔬菜罐头	每瓶500克	10300	(0)
1005	NWTCFV-89	桃	¥10.00	¥22.00	水果和蔬菜罐头	每瓶500克	11234	(0)
1007	NWTCFV-90	菠萝	¥9.00	¥15.00	水果和蔬菜罐头	每瓶500克	36600	(0)
1009	NWTCFV-91	樱桃饼	¥11.00	¥25.00	点心	每盒500克	11250	(0)

图 2-17　"产品"表的数据

具体操作步骤如下。

(1) 在新建的"商品销售系统"数据库窗口中执行"创建"选项卡中的"表设计"命令，创建新表"表1"，如图2-18所示。

(2) 根据需要输入相应的"字段名称"和"数据类型"，如图2-19所示。

(3) 单击左上角的保存按钮，弹出"另存为"对话框，输入表名"产品"，如图2-20所示。

(4) 单击"确定"按钮，弹出"尚未定义主键"对话框，如图2-21所示。

(5) 单击"否"按钮，用户稍后自己定义主键。

(6) 在"产品"表中输入数据。打开"产品"表的数据表视图，将每种数据输入相应的列中，如果输入的是日期、时间或数字，请输入一致的格式，这样Microsoft Access 2010能为字段创建适当的数据类型及显示格式，如图2-22所示。

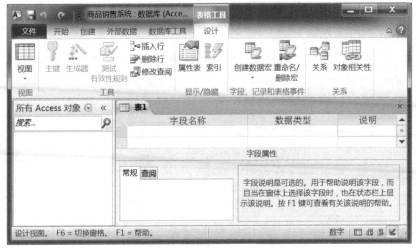

图 2-18　创建新表"表1"

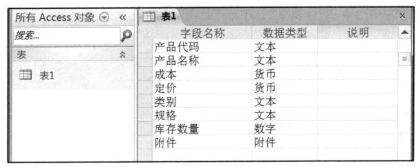

图 2-19　在"表 1"中输入相应内容

图 2-20　"另存为"对话框

图 2-21　"尚未定义主键"对话框

图 2-22　"产品"表的数据表视图

(7) 数据输入完毕后，右击"产品"表的标题，在弹出的菜单中选择"保存"选项，如图 2-23 所示。

图 2-23 保存"产品"表

(8) 将"产品 ID"字段定义为"产品"表的主键。右击"产品"表的标题，在弹出的菜单中选择"设计视图"选项，右击"产品 ID"字段，或者单击"表格工具"中的"主键"按钮，将"产品 ID"字段定义为"产品"表的主键，如图 2-24 所示。

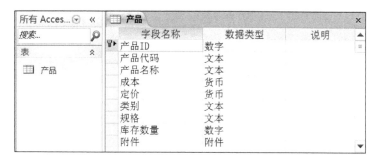

图 2-24 定义主键

(9) 再次右击"产品"表的标题，在弹出的菜单中选择"关闭"选项，便可关闭并退出"产品"表。

2.4.2 通过输入数据创建表

Access 2010 还提供了一种通过输入数据创建表的方法。如果没有确定表的结构，但是手中有表所要存储的数据，可直接采用此方法创建表。输入数据创建表是指在空白数据表中添加字段名和数据，根据输入的记录自动地指定字段类型。

【例 2.5】 使用"创建"选项卡中的"表"命令创建"商品销售系统"数据库中的"客户"表。具体操作步骤如下。

(1) 在"数据库"窗口中执行"创建"选项卡中的"表"命令，进入新表的设计视图如图 2-25 所示。

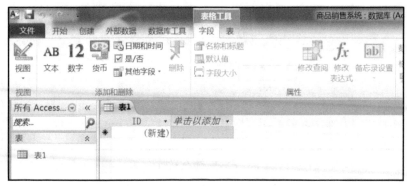

图 2-25 "表格工具"工具栏

(2) 双击 ID 字段名，修改为"客户 ID"。

(3) 单击"单击以添加"下拉按钮，在数据类型下拉框中选择合适的数据类型，如图 2-26 所示。再根据需要输入每个字段的名称，如图 2-27 所示。

图 2-26 选择数据类型

图 2-27 定义表中的字段

（4）表中的所有字段定义完毕，然后输入数据，如图 2-28 所示。

图 2-28　输入数据

图 2-29　"另存为"对话框

（5）右击表对象中的"表 1"，在弹出的菜单中选择"设计视图"选项，修改字段属性。在弹出的"另存为"对话框中，输入表名"客户"，如图 2-29 所示。

（6）在"客户"设计视图中修改各字段属性，如图 2-30 所示。

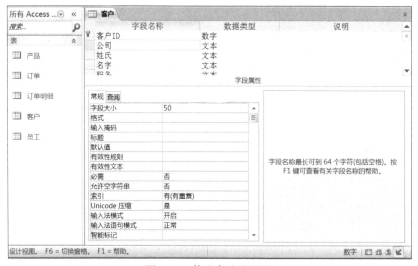

图 2-30　修改各字段属性

（7）右击"客户"表的标题，在弹出的菜单中选择"关闭"选项，便可关闭并退出"客户"表。

2.4.3　表结构的维护

在数据表的创建过程完成后，还可以在数据表的设计视图中对数据表的结构进行修改，以适应数据变化的需求。字段的数据类型发生变化后，Access 会自动对表中已有的数据进行数据类型的转换，但对某些不兼容的数据类型进行相互转换时会造成表中数据的丢失。因此在表结构设计时就应对字段数据类型进行慎重考虑，当表中已有大量数据时，一般不要进行数据类型的转换。常见的表结构维护操作有字段的增加、修改和删除，下面就以"员工"表为例，增加一个"电话"字段，然后修改，最后删除这个字段。

1. 添加字段

【例 2.6】　为"商品销售系统"数据库中的"员工"表添加一个"电话"字段。具体操作步骤如下。

(1) 打开"员工"表的设计视图，若要将字段插入表中，单击要在其上方添加字段的行(若要将字段添加到表的结尾，单击最后一个空行)，然后单击工具栏上的"插入行"按钮，或右击要在其上方添加字段的行，在弹出的快捷菜单中选择"插入行"选项，如图 2-31 所示。

图 2-31　单击"插入行"按钮

(2) 在插入的新增"电话"字段中输入相应信息，单击工具栏上的保存按钮，如图 2-32 所示。

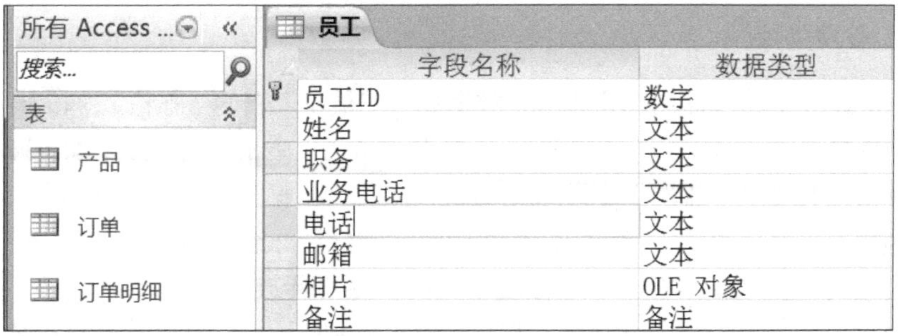

图 2-32　完成字段添加

2. 修改字段名

【例 2.7】 修改"商品销售系统"数据库中的"员工"表的"电话"字段名为"移动电话",具体操作步骤如下。

(1) 打开"员工"表的设计视图,选中要修改的"电话"字段名,输入新的字段名"移动电话",单击工具栏上的保存按钮。

(2) 选中要修改的字段数据类型,重新选择需要的数据类型,单击工具栏上的保存按钮,如图 2-33 所示。

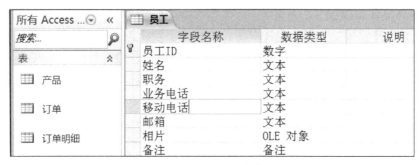

图 2-33　完成字段名修改

若需要在数据表视图中显示与字段名不同的名称,则在该字段的"常规"属性"标题"中输入需要显示的名称即可。

3. 删除字段

【例 2.8】 删除"商品销售系统"数据库中"员工"表的"移动电话"字段。

具体操作步骤如下:打开"员工"表的设计视图,选中要删除的"移动电话"字段所在的行,然后单击工具栏上的"删除行"按钮;或右击要删除的"移动电话"字段所在的行,在弹出的快捷菜单中选择"删除行"选项即可,如图 2-34 所示。

4. 移动字段

【例 2.9】 将"商品销售系统"数据库中"员工"表的"邮箱"字段移到"相片"字段的下面。具体操作步骤如下:打开"员工"表的设计视图,如图 2-35 所示,单击要移动的"邮箱"字段所在的行,然后将鼠标指向"行选择器",当鼠标呈白色空心箭头形状时,就可以按住左键拖动该行,此时会有一条黑色粗线随着鼠标移动。等拖动到"相片"字段的下面时,便可释放鼠标左键。

也可以在数据表视图下操作,其具体操作步骤如下:在数据表视图下(图 2-36),单击要移动的"邮箱"字段,当鼠标呈白色空心箭头形状时,按住左键向右拖动该行,直至拖动到"相片"字段的右边时,释放鼠标左键。

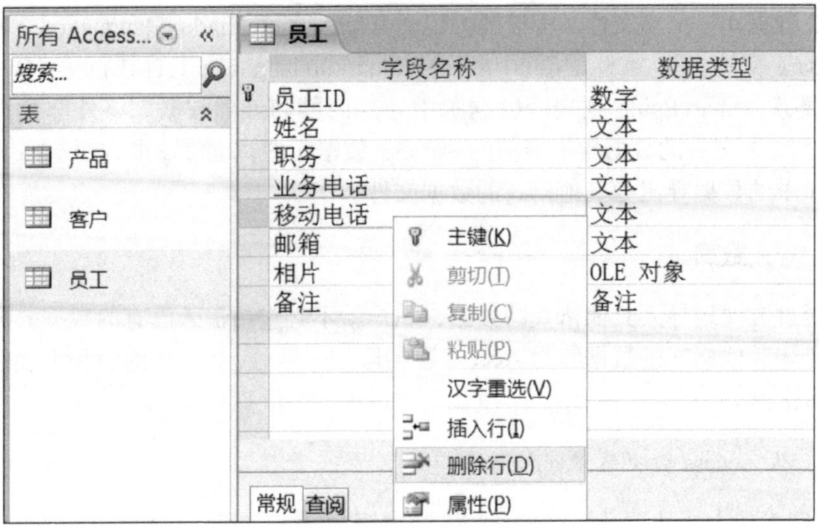

图 2-34　完成字段的删除

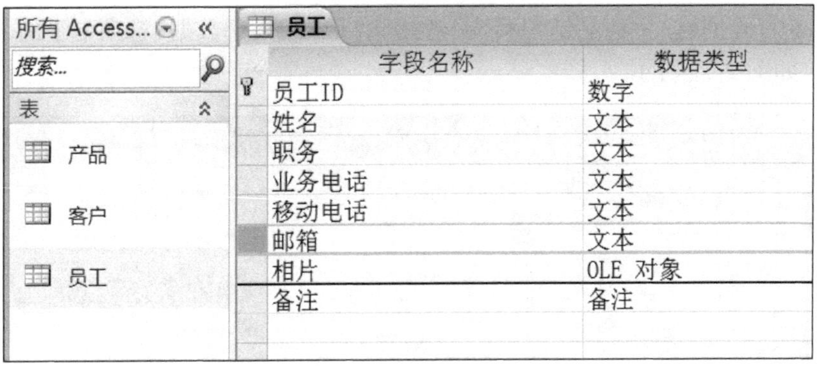

图 2-35　移动字段

图 2-36　在数据表视图下移动字段

2.5　数据的导入与导出

Access 还为数据提供了一个很有用的功能,即可以从 Access、Microsoft Excel、

ODBC 数据库、文本文件、可扩展标记语言(extensible markup language，XML)文件、dBase 文件、超文本标记语言(hypertext markup language，HTML)文档、Outlook、数据服务、SharePoint 列表等数据源中导入内部和外部数据。将外部数据源如 Excel、文本文件的数据导入当前的 Access 数据库中，也可以很方便地将 Access 数据库中的数据导出为其他格式的数据文件。

2.5.1　导入数据

通过方便地导入其他格式的数据，用户就不必重新输入已有的数据。导入数据就是将其他格式的数据转为 Access 数据库的一部分，导入后的表和直接创建的表没有区别。

1. 从 Access 数据库中导入对象

【例 2.10】　从“商品销售系统”数据库中导入“商品系统 1”中的“订单”表。具体操作步骤如下。

(1) 打开创建的“商品销售系统”数据库，单击“外部数据”选项卡下的 Access 按钮，如图 2-37 所示。

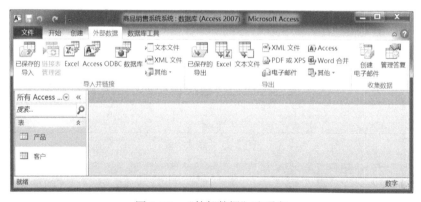

图 2-37　“外部数据”选项卡

(2) 打开“获取外部数据-Access 数据库”对话框，选择“将表、查询、窗体、报表、宏和模块导入当前数据库”单选按钮，再指定数据源的文件名，如图 2-38 所示。

(3) 单击“确定”按钮，打开“导入对象”对话框，如图 2-39 所示。

(4) 在“导入对象”对话框中，选择“表”选项卡，在列表框中选择“订单”表，单击“确定”按钮，便将“商品系统 1”数据库中的“订单”表导入了“商品销售系统”数据库中，如图 2-40 所示。

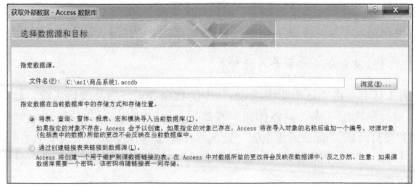

图 2-38　"获取外部数据-Access 数据库"对话框

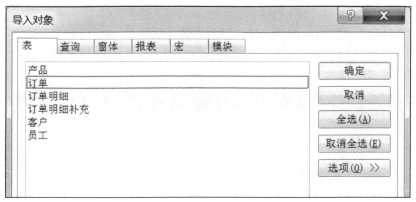

图 2-39　"导入对象"对话框

图 2-40　导入"订单"表

如果需要同时导入多个数据表，可以多次选择，还可以全部选择，一次导入，还可以保存导入步骤进行重复操作。也可以使用以上方法导入数据库中的其他对象。

2. 从 Excel 电子表格中导入数据表

【例 2.11】 将"订单明细 1.xlsx"中的数据导入"商品销售系统"数据库中并存为"订单明细"表。具体操作步骤如下。

(1) 在打开的"商品销售系统"数据库中单击"外部数据"选项卡下的 Excel 按钮。打开"获取外部数据- Excel 电子表格"对话框，指定数据源的文件名，如图 2-41 所示。

(2) 单击"确定"按钮，弹出"导入数据表向导"的第 1 个对话框，选择工作表为"订单明细"，如图 2-42 所示。

(3) 单击"下一步"按钮，弹出"导入数据表向导"的第 2 个对话框，确认要导入的 Excel 表的第一行是否包含列标题，若是，Access 将把列标题作为字段名，如图 2-43 所示。

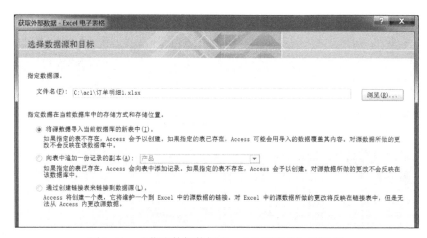

图 2-41 "获取外部数据-Excel 电子表格"对话框

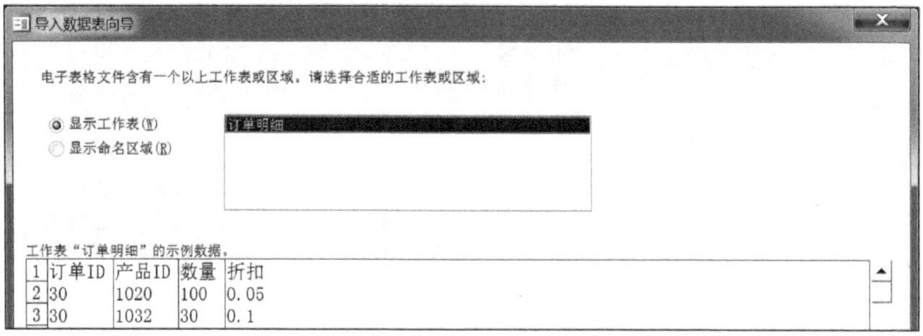

图 2-42 选择工作表

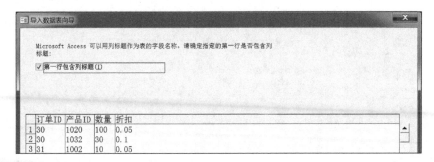

图 2-43　确认是否含列标题

(4) 单击"下一步"按钮，弹出"导入数据表向导"的第 3 个对话框，选择要导入的字段及根据需要修改字段信息。这里不做任何更改，如图 2-44 所示。

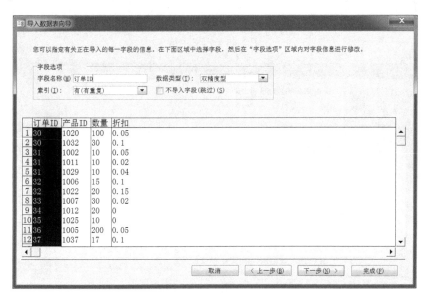

图 2-44　选择修改字段信息

(5) 单击"下一步"按钮，弹出"导入数据表向导"的第 4 个对话框，选择定义主键。这里选择"不要主键"单选按钮(可在数据导入完成后，在数据表的设计视图中再定义主键)，如图 2-45 所示。

(6) 单击"下一步"按钮，弹出"导入数据表向导"的第 5 个对话框，选择数据的保存位置，如图 2-46 所示。

(7) 单击"完成"按钮，便将"订单明细 1.xlsx"表中的数据导入了"商品销售系统"数据库中，还可以保存导入步骤进行重复操作。

图 2-45 定义主键

图 2-46 设置导入表的保存位置

3. 从文本文件导入数据

主机的数据通常以文本文件的形式输出,在桌面应用程序中使用。文本文件不带任何格式,所以可在各种应用程序,特别是不同数据库管理系统之间交换数据。文本文件分为"固定宽度"和"带分隔符"两种。Access 可以导入两种不同类型的文本文件数据。固定宽度指文件中记录的每个字段数据的宽度是相同的。

带分隔符的文件通常使用逗号、分号、制表符(Tab 键)或其他字符作为分隔符。注意：带分隔符的文本文件有时被称为以逗号或制表符分隔的文件。每条记录都是文本文件中单独的一行，这一行上的字段不包含尾随的空格，通常以逗号作为字段的分隔符，并且要求某些字段包含在一个定界符(如单引号或双引号)中。固定宽度的文本文件也是将每一条记录放在一个单独的行上。但是，每条记录中的字段是定长的，如果字段内容不够长，尾随的空格会被加入字段中。Access 对两种类型的文本文件使用一个向导。

【例 2.12】 导入固定宽度文本文件(在固定宽度文本文件中，每个字段有固定的宽度和位置。当导入或导出这类文件时，必须制定一个导入/导出规格，可以在导入文本向导中用"高级"选项来创建这种规格)。从文本文件"订单明细补充"向"商品销售系统"数据库中导入数据，要导入的文本文件如图 2-47 所示。

图 2-47 "订单明细补充"文本文件

(1) 打开"商品销售系统"数据库。

(2) 单击"外部数据"选项卡下的"文本文件"按钮，打开"获取外部数据-文本文件"对话框，指定数据源的文件名，如图 2-48 所示。

(3) 单击"确定"按钮，屏幕显示"导入文本向导"的第 1 个对话框，选择"固定宽度-字段之间使用空格使所有字段在列内对齐"单选按钮，如图 2-49 所示。

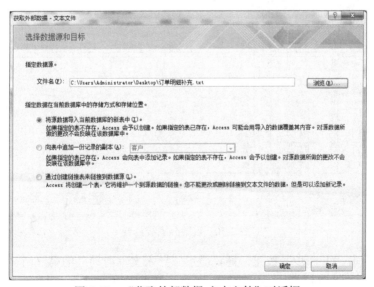

图 2-48 "获取外部数据-文本文件"对话框

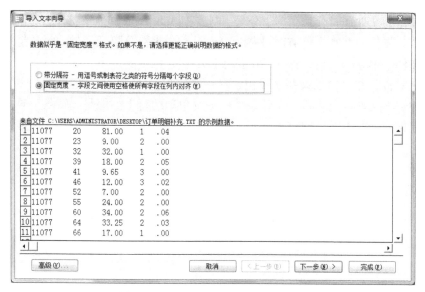

图 2-49　选择"固定宽度"数据格式

(4) 单击"下一步"按钮，屏幕显示"导入文本向导"的第 2 个对话框设置分隔线位置，如图 2-50 所示。

图 2-50　设置分隔线位置

(5) 单击"下一步"按钮，屏幕显示"导入文本向导"的第 3 个对话框设置字段选项，在此对话框中可以设置字段名、是否索引、字段的数据类型以及是否跳过该字段。在下方字段列表中依次单击字段 1 到字段 5，分别设置字段名为"订单 ID""产品""单价""数量""折扣"。

(6) 单击"下一步"按钮，屏幕显示"导入文本向导"的第 4 个对话框设置主键，选择"我自己选择主键"单选按钮，在后面的下拉列表中选择"订单 ID"字段作为主键。

(7) 单击"下一步"按钮，屏幕显示"导入文本向导"的第 5 个对话框指定保存导入数据的新表名称，输入"订单明细补充"。

(8) 单击"完成"按钮，完成固定宽度文本文件导入数据的操作，在"商品销售系统"数据库表对象列表中，可以看到文本文件"订单明细补充"被导入数据库中了，还可以保存导入步骤进行重复操作，如图 2-51 所示。

图 2-51　导入"订单明细补充"表

　　导入带分隔符文本文件的操作方法与导入固定宽度文本文件的操作方法基本相同，限于篇幅，这里不再赘述。

4. 从 Word 导入数据

　　Word 是 Microsoft Office 软件包的重要组成部分，因此对 Word 中的数据进行汇总、分析等操作是非常普遍的，而 Access 是功能强大的桌面数据库系统，对数据进行操作、存储是一件非常容易的事，因此，Access 提供了将 Word 文本导入或链接到数据库，从而获得外部信息的功能。

　　Access 没有提供从文字处理文件导入数据的特定方法。在 Access 的"外部数据"选项卡中并没有提供 Microsoft Word 的文本类型。用户要将 Word 文本导入或链接到 Access 数据库，其操作步骤是将 Word 文档文件导入或链接之前，先打开希望导入或链接的 Word 文档文件，并将该 Word 文档文件另存为用逗号或制表符分隔的文本文件，然后将该文本文件导入或链接到 Access 数据库。

2.5.2　导出数据

　　Access 不仅能从外部导入数据，而且可以将数据、Access 表或查询复制到一个新的外部文件中，这种将 Access 表复制到外部文件的过程称为导出。可以将表导出到许多不同的资源，如将 Access 数据库表中的数据导出到其他 Access 数据库、非 Access 数据库、Excel 电子表格、HTML 或文本文件等。

　　1. 导出数据到 Access 数据库

　　【例 2.13】　把"商品销售系统"数据库中的"订单明细补充"表导出到"商品系统 1"数据库中，其操作的具体步骤如下。

　　(1) 在打开的"商品销售系统"数据库表对象列表中，选择"订单明细补充"，如图 2-52 所示。

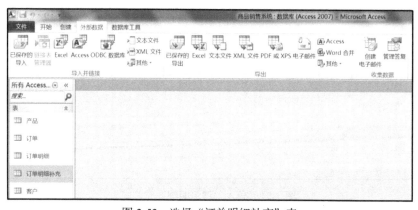

图 2-52　选择"订单明细补充"表

　　(2) 在表对象"订单明细补充"上右击，在弹出的快捷菜单中执行"导出"命令，如图 2-53 所示。

　　(3) 在快捷菜单中选择 Access 选项。打开"保存文件"对话框，在对话框中指定导出到的数据库文件"商品系统 1.accdb"。

　　(4)单击"确定"按钮，弹出"导出"对话框，在"将 订单明细补充 导出到"文本框中，系统默认给出数据表的名称为"订单明细补充"，也可以修改成其他的名字。在"导出表"选项组中，有两个单选按钮，系统默认选择"定义和数据"，如图 2-54 所示。

　　(5) 单击"确定"按钮，完成导出操作。可以看到在"商品系统 1"数据库的数据表对象中，增加了"订单明细补充"表。

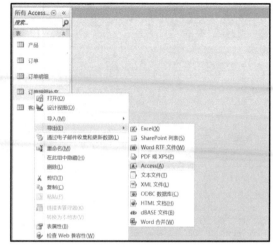

图 2-53　执行快捷菜单中的"导出"命令　　　　图 2-54　"导出"对话框

2. 导出数据到 Excel 电子表格

【例 2.14】　将"商品销售系统"数据库中的"订单明细"表导出为 Excel 表。具体操作步骤如下。

(1) 打开"商品销售系统"数据库，在表对象列表区，选择要导出的表"订单明细"，单击"外部数据"选项卡下的 Excel 按钮，如图 2-55 所示。

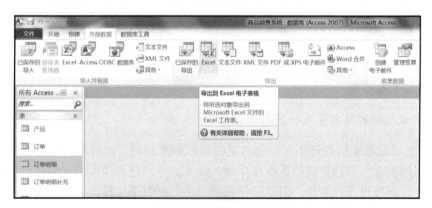

图 2-55　选择要导出的表

(2) 在弹出的"导出-Excel 电子表格"对话框中选择文件名、文件格式等，如图 2-56 所示。

(3) 单击"确定"按钮，将该表导出到桌面保存为 Excel 文件，还可以保存导出步骤进行重复操作。

图 2-56　指定目标文件名及格式

2.5.3　数据链接

链接是指在 Access 数据库中为外部数据建立一个链接表,而数据仍保存在外部数据文件中。对于 Access 能够直接识别的数据格式,经常需要修改的共享外部数据,常采用链接的方式。

Access 可以链接的外部数据源包括 Access 数据库、Excel 电子表格、ODBC数据库、文本文件、XML 文件、dBase 文件、HTML 文档、Outlook、数据服务、SharePoint 列表等。

1. 数据的链接与导入的区别

(1) 对源数据的处理不同。导入是将源数据复制到目标对象,而链接只是建立了引用关系,源数据仍然保留在原地。因此,导入过程速度慢,但以后使用时速度快。链接过程速度快,但以后使用链接的数据时速度慢。

(2) 与源数据的关系不同。源数据被导入新的对象后,导入的数据就与源数据没有任何关系了。而链接因源数据仍保留在原地,所以当源数据变化时,链接的数据同时发生变化,即可以保持与外部链接数据的一致性。

2. 数据导入或链接的选用规则

用户可根据具体情况参考以下规则进行选择。

(1) 若目标文件太大，占用磁盘空间大，或根本无法导入，应使用链接。

(2) 若目标文件很小，并且不会经常变化，应使用导入。

(3) 若数据不需要与其他用户共享，可以使用导入，否则使用链接。

(4) 若很重视操作速度，希望得到最佳的使用效率，应使用导入。

(5) 若目标文件虽然不大，但经常变化，应使用链接。

3. 数据链接的操作过程

【例 2.15】 在"商品销售系统"数据库中链接"商品系统 1"数据库中的"员工"表。

(1) 打开"商品销售系统"数据库，单击"外部数据"选项卡下的 Access 按钮，打开"获取外部数据-Access 数据库"对话框，选择"通过创建链接表来链接到数据源"单选按钮，再指定数据源的文件名，如图 2-57 所示。

图 2-57 "获取外部数据-Access 数据库"对话框

(2) 单击"确定"按钮，打开"链接表"对话框，在对话框的"表"选项卡列表框中，选择"员工"表作为链接的表对象，如图 2-58 所示。

(3) 单击"确定"按钮，完成链接表操作。可以看到"商品销售系统"数据库的"表"对象列表中，增加了一项"员工"表，并在图标前有一个小箭头，如图 2-59 所示。

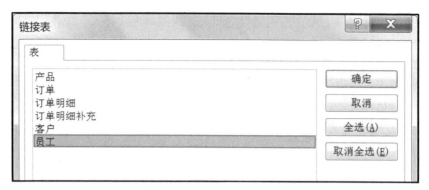

图 2-58　"链接表"对话框

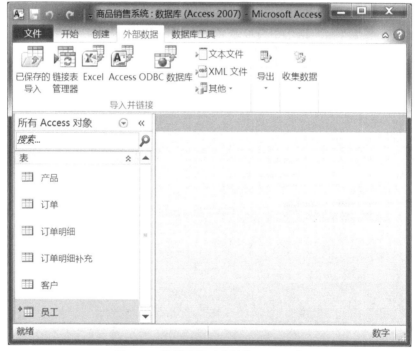

图 2-59　数据库窗口中链接 Access 表

其他外部数据的链接操作过程与外部数据导入过程相似，在此不再赘述。

4. 链接表的管理

管理链接表即修改字段属性、定义关系、修改链接表名称、删除链接表、查看或更新链接表等。

1) 修改字段属性

链接表与 Access 表的使用方式相同，只是不能修改链接表的结构，如添加字段、删除字段、修改字段名称和数据类型、改变字段顺序等，但允许修改字段的属性，如格式、小数位数、输入掩码、Unicode 压缩、输入法编辑器(input method editor，IME)语句模式、显示控件。

2) 定义关系

可在"关系"窗口中为链接表、Access 表建立永久关系，并可将这种关系用于创建查询、窗体和报表。

3) 修改链接表名称

要修改一个链接表的名称，可在数据库窗口中右击链接表，在弹出的快捷菜单中执行"重命名"命令，使表名称进入编辑状态，然后将其修改为新的名称。

4) 删除链接表

在数据库窗口中单击要删除的链接表，按 Delete 键或右击它后在快捷菜单中执行"删除"命令，打开删除链接表的对话框，单击"是"按钮就可完成删除操作。

5) 查看或更新链接表

如果重命名、移动或修改了链接的外部数据文件，可使用快捷菜单中的"链接表管理器"命令来查看或更新链接信息。具体步骤如下：右击"链接表对象"，在弹出的快捷菜单中执行"链接表管理器"命令，通过"链接表管理器"对话框，可以对所选中链接表的更新及链接信息进行查看。

2.6　字段的常用属性设置

在数据表中除了输入每个字段的名称、说明和基本数据类型外，每个类型的字段还有相应的若干属性选择。

2.6.1　字段的显示格式属性设置

【例 2.16】　以"商品销售系统"数据库中的"订单"表为例，设置"订单日期"字段的显示格式属性为"短日期"，具体步骤如下。

(1) 打开"订单"表的表设计视图。

(2) 选择"订单日期"字段，在"常规"选项卡的"格式"编辑栏内打开下拉列表选择"短日期"。

(3) 单击工具栏上的保存按钮，完成属性设置，如图 2-60 所示。

2.6.2　字段的默认值属性设置

【例 2.17】　以"商品销售系统"数据库中的"订单"表为例，设置"订单日期"字段的默认值属性为今天的日期，具体步骤如下。

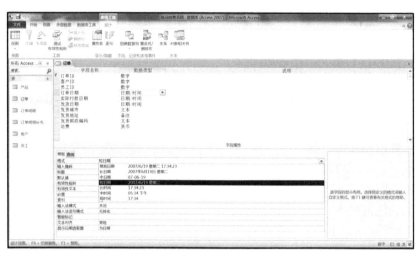

图 2-60 "格式"属性设置

(1) 打开"订单"表的表设计视图。

(2) 选择"订单日期"字段,在"常规"选项卡的"默认值"编辑栏输入"Now()"。

(3) 单击工具栏上的保存按钮,完成属性设置,如图 2-61 所示。

图 2-61 "默认值"属性设置

2.6.3 字段的输入掩码设置

【例 2.18】 以"商品销售系统"数据库中的"订单"表为例,设置"发货邮政编码"字段的输入掩码属性为 6 位数字,具体步骤如下。

(1) 打开"订单"表的表设计视图。

(2) 选择"发货邮政编码"字段,在"常规"选项卡的"输入掩码"编辑栏内输入 000000，如图 2-62 所示。

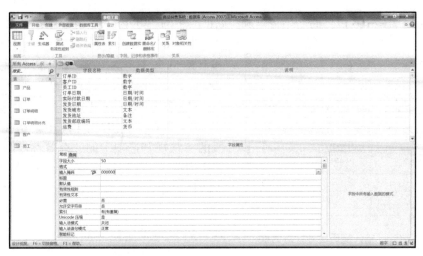

图 2-62　"输入掩码"属性设置

(3) 单击工具栏上的保存按钮，完成属性设置。

(4) 打开"订单"表的数据表视图，单击最后一行，此时"发货邮政编码"字段的输入栏里出现占 6 个字符位置的下划线，输入时只有输完 6 个数字字符才能离开此字段的编辑栏，如图 2-63 所示。

图 2-63　"输入掩码"属性的设置结果

也可以通过单击"常规"选项卡的"输入掩码"编辑栏右侧的 ^{...} 按钮，打开"输入掩码向导"对话框，然后单击"编辑列表"按钮进行输入掩码的自定义编辑，如图 2-64 所示。

2.6.4　字段的有效性规则和有效性文本设置

【例 2.19】　　以"商品销售系统"数据库中的"订单明细"表为例，设置"折扣"字段的有效性规则为"<=1 And >=0"和有效性文本属性"输入的值不能大于 100% (1) 或小于 0。"，具体步骤如下。

图 2-64　"输入掩码向导"对话框

(1) 打开"订单明细"表的表设计视图。

(2) 选择"折扣"字段，在"折扣"字段的"常规"选项卡的"有效性规则"编辑栏内输入"<=1 And >=0"，"有效性文本"编辑栏内输入"输入的值不能大于 100% (1) 或小于 0。"，如图 2-65 所示，表示折扣只能介于 0 和 1 之间，如果输入的值超出此区间，系统就会出现错误提示"输入的值不能大于 100% (1)或小于 0。"。

(3) 单击工具栏上的保存按钮，完成属性设置。

图 2-65　有效性规则和有效性文本设置

2.6.5　使用查阅向导创建值列表和查阅列表

使用"查阅向导"功能可以简化数据的输入。一般表中大部分字段的内容都来自于用户输入的数据或从其他数据源导入的数据。但是在有些情况下，某个字段的内容也可以取自一组固定的数据或者其他表中的数据，这就是字段的查阅功能。

【例 2.20】　　使用"查阅向导"功能，为"商品销售系统"数据库中"员工"表的"职务"字段创建值列表("销售代表""销售协调""销售经理""销售副总裁")。

(1) 打开"员工"表的表设计视图,选择"职务"字段,在"数据类型"组合框中选择"查阅向导"选项,弹出"查阅向导"对话框,选择"自行键入所需的值"单选按钮,如图 2-66 所示。

(2) 单击"下一步"按钮,在"第 1 列"的网格中输入"销售代表""销售协调""销售经理""销售副总裁",如图 2-67 所示。

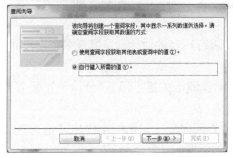

图 2-66　"查阅向导"对话框

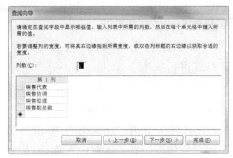

图 2-67　输入查阅列表值

(3) 单击"下一步"按钮,"查阅向导"对话框将提示选择要存储到数据库中的实际数据所在的列,然后单击"下一步"按钮。

(4) 此时"查阅向导"对话框会提出"请为查阅列指定标签",保留"职务"作为该查阅列的标签。单击"完成"按钮,并保存"员工"表,单击"职务"字段的"查阅"选项卡,显示如图 2-68 所示的内容。

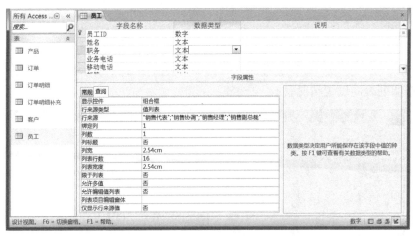

图 2-68　值列表的设置

【例 2.21】　使用"查阅向导"功能,为"商品销售系统"数据库中"订单"

表的"客户 ID"字段创建查阅列表，具体步骤如下。

(1) 打开"订单"表的表设计视图，选择"客户 ID"字段，在"数据类型"组合框中选择"查阅向导"选项，弹出"查阅向导"对话框。选择"使查阅列在表或查询中查阅数值"单选按钮，并单击"下一步"按钮。

(2) 从"查阅向导"对话框提供的表或查询中选择"客户"表，并单击"下一步"按钮。

(3) 按"查阅向导"对话框的提示选择用于查阅的列：将"可用字段"列表中的"客户 ID""公司"字段添加到"选定字段"列表中，如图 2-69 所示，然后单击"下一步"按钮。

(4) 此时弹出为列表中字段使用的次序进行排序的对话框，当有多个字段时，可对其进行排序，单击"下一步"按钮。

(5) 调整列宽："查阅向导"对话框自动隐藏了关键字段，"公司"正是需要显示的列，如图 2-70 所示。

(6) 直接单击"下一步"按钮，此时"查阅向导"对话框会提出"请为查阅列指定标签"，输入"客户"作为该查阅列的标签。

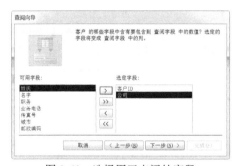

图 2-69　选择用于查阅的字段

图 2-70　调整列宽

(7) 单击"完成"按钮，并保存"订单"表。图 2-71 所示是数据表视图中显示的查阅列表的设置情况。

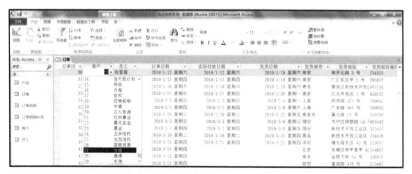

图 2-71　订单查阅列表的设置

2.7　常用表数据操作

Access 是个界面操作非常友好的数据库,很多表数据操作如记录的浏览、选定、添加、删除、查找、替换、字段的冻结等都是与 Excel 表的操作相同或类似的,这里就不一一介绍了。下面只是以"产品"表为例,介绍记录的隐藏、排序和筛选。

2.7.1　隐藏列、取消隐藏列和冻结列、取消冻结列

【例 2.22】　对"商品销售系统"数据库中"产品"表的"产品名称"字段进行隐藏操作。具体操作步骤如下。

(1) 打开"产品"表,选择要隐藏的"产品名称"列并右击,弹出快捷菜单,如图 2-72 所示。

(2) 方法一:拖动鼠标设置所选中的字段列宽为 0,这些字段就成为隐藏字段。方法二:选择快捷菜单中的"隐藏字段"选项,便可以将所选的字段隐藏起来。

图 2-72　选择隐藏字段

(3) 若要显示被隐藏的列,则右击数据表中的任意字段名,在弹出的快捷菜单中选择"取消隐藏列"选项,打开"取消隐藏列"对话框,如图 2-73 所示。

图 2-73　"取消隐藏列"对话框

(4) 选择相应的被隐藏的列名的复选框，再单击"关闭"按钮，就可以将隐藏的列恢复。

冻结列可以使选定的列固定显示在数据库窗口。冻结列和取消冻结列的操作与隐藏列和取消隐藏列的操作类似，在此不再赘述。

2.7.2　记录排序

【例 2.23】　对"商品销售系统"数据库中"产品"表的"成本"字段进行记录排序。具体操作步骤如下。

(1) 打开"产品"表，选择要排序的"成本"字段。

(2) 单击工具栏上的"升序"按钮(若要降序，则单击"降序"按钮)，或右击所选字段，选择弹出的快捷菜单中的"升序"选项。

(3) 单击工具栏上的保存按钮，可以保存排序记录。单击"取消排序"按钮可取消排序。

2.7.3　记录筛选

当数据表中的数据很多时，想要浏览特定的记录很不方便。此时可使用筛选功能将无关的记录暂时筛选掉，只保留需要的记录(筛选并不是从数据表中真正删除记录，只是不让它们在数据表视图中显示出来而已)。

1. 选择筛选

【例 2.24】　对"商品销售系统"数据库中的"产品"表进行记录筛选。具体操作步骤如下。

(1) 打开"产品"表，选择要参加筛选的一个字段中的全部或部分内容，这里选择"调味品"；然后单击"开始"选项卡中的"选择"按钮，如图 2-74 所示。

(2) 在弹出的菜单中选择"等于'调味品'"选项，即可筛选出所需内容。

(3) 单击工具栏上的保存按钮，可以保存筛选设置。

这样，当下次打开该数据表时，单击"开始"选项卡中的"切换筛选"按钮应用筛选，就又可以看到筛选结果。

也可以单击字段名称旁的下拉按钮，设置筛选条件，如图 2-75 所示。

还可以单击"开始"选项卡中的"筛选器"按钮进行相关筛选操作。

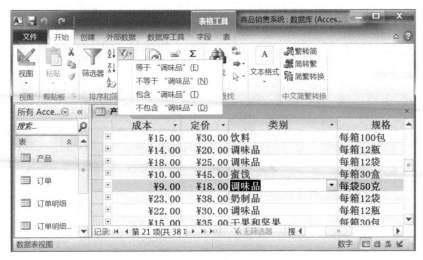

图 2-74　选定筛选内容

图 2-75　设置筛选条件

2. 高级筛选

"高级"筛选子菜单含义如下。

(1) "清除所有筛选器":可取消原来设置的所有筛选操作。

(2) "按窗体筛选":可由用户在对话框中确定筛选字段和筛选条件,如图 2-76

所示。

图 2-76　"高级"筛选子菜单

(3) "应用筛选/排序"：可显示原来设置的筛选/排序操作。

(4) "高级筛选/排序"：可设置一组筛选条件，并可对复合字段进行复合排序，如图 2-77 所示。

2.7.4　记录定位

Access 可以使用"查找"选项在表中进行记录的定位操作。如果要定位的记录满足特定的条件(例如，搜索词涉及"等于"或"包含"等比较运算符)，则这是有效定位特定记录的一种选择。但只有在表当前显示有数据时，才能使用"查找和替换"对话框。

【例 2.25】　在"商品销售系统"数据库中，对"产品"表中类别为"饮料"的记录进行定位。具体操作步骤如下。

(1) 打开"产品"表，然后单击选中"类别"字段。

(2) 单击"开始"选项卡中的"查找"按钮，打开"查找和替换"对话框。

(3) 在"查找内容"文本框中输入"饮料"，单击"查找下一个"按钮，对"产品"表中类别为"饮料"的记录进行逐一定位。

说明：要更改希望搜索的字段或搜索整个基础表，请在"查找范围"列表中选择相应的选项。"匹配"列表代表比较运算符(如"等于"或"包含")，要扩大搜索范围，请在"匹配"列表中选择"字段任何部分"选项，在"搜索"列表中，

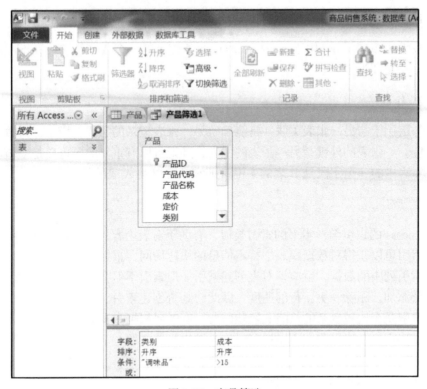

图 2-77 产品筛选

选择"全部"选项，然后单击"查找下一个"按钮。在突出显示要搜索的项目后，
请在"查找和替换"对话框中单击"取消"按钮以关闭该对话框。系统将突出显
示符合条件的各条记录。

2.8 关系的创建及应用

2.8.1 创建表之间的关联关系

在创建了不同主题的表以及定义了相应主键后，就可以制定各表间的关系，
从而建立起一个关系数据库。创建表与表之间的关系后，Access 便可以在数据表
视图中显示子数据表，并实施参照完整性，包括自动级联更新相关字段和自动级
联删除相关记录。

在创建表之间的关联关系之前，需要先明确主键、外键、索引、参照完整性
的概念。

1. 主键

主键(也称主码)是用于唯一标识表中每条记录的一个或一组字段，不能有重复的，不允许为空。

2. 外键

外键用于与另一张表关联，是能确定另一张表记录的字段，用于保持数据的一致性。一张表的外键是另一张表的主键，外键可以有重复的，可以是空值。例如，A 表中的一个字段是 B 表的主键，那它就可以是 A 表的外键。

3. 索引

Access 的索引与一本书的索引类似，有助于对表内容进行快速查找和排序。使用索引可以获得对数据库表中特定信息的快速访问，根据一般规则，只要经常查询索引列中的数据，就应该对表创建索引。但索引不但会占用磁盘空间，而且会降低添加、删除和更新行的速度。因此，是否创建索引、创建多少索引、创建什么索引是个比较复杂的策略和经验问题，有时要根据数据的访问、更新等统计特性做决定，在这里我们不做过多讨论。这里简要介绍一下最简单的单字段索引创建方法。

(1) 打开表的"设计"视图。

(2) 在窗口上部，单击要为其创建索引的字段。

(3) 在窗口下部，在"索引"属性框中单击，然后选择"有(有重复)"或"有(无重复)"选项即可，如不创建索引，也可选择"无"。

4. 参照完整性

参照完整性是指当更新、删除、插入一个表中的数据时，通过参照引用相互关联的另一个表中的数据，来检查对表的数据操作是否正确。如果删除主表中的一条记录，则从表中凡是外键的值与主表的主键值相同的记录也会被同时删除，将此称为级联删除；如果修改主表中主键的值，则从表中相应记录的外键值也随之被修改，将此称为级联更新。

下面以创建"订单"表和"订单明细"表之间的关联关系为例来介绍其创建过程。

【例 2.26】 创建"商品销售系统"数据库中"订单"表和"订单明细"表之间的关联关系。具体操作步骤如下。

(1) 单击"数据库工具"选项卡中的"关系"按钮。

(2) 弹出"关系"及"显示表"对话框。如果没有弹出"显示表"对话框，则在"关系"对话框上右击,在弹出的快捷菜单中选择"显示表"选项,如图 2-78 所示。

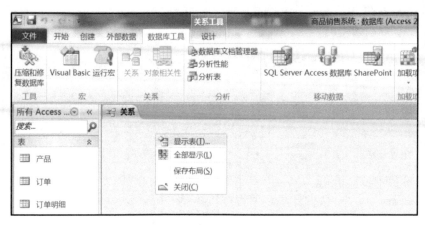

图 2-78 选择"显示表"选项

(3) 双击要建立关系的表(这里是"订单"表和"订单明细"表)或选中要建立关系的表后单击"添加"按钮,然后单击"显示表"对话框的"关闭"按钮,如图 2-79 所示。

图 2-79 添加要建立关系的表

(4) 将"订单"表的主键"订单 ID"字段拖动到"订单明细"表的"订单 ID"字段,弹出"编辑关系"对话框,选择"实施参照完整性"复选框,然后单击"创建"按钮,如图 2-80 所示。

图 2-80　　"编辑关系"对话框

说明：

①选择"实施参照完整性"复选框后，当添加和修改数据时，Access 会检查数据是否违反了参照完整性规则，若是，则提示出错并拒绝操作。

②选择"级联更新相关字段"复选框后，当更新主表中关键字段的内容时，同步更新关系表中的相关内容。例如，如果在"订单"表中更改了某一订单的 ID，则在"订单明细"表中将会自动修改该订单的 ID。

③选择"级联删除相关记录"复选框后，当删除主表中某条记录时，同步删除关系表中的相关记录。例如，如果在"订单"表中删除了某 ID 的订单，则在"订单明细"表中将会自动将该订单的记录全部删除。

另外，创建表之间的关系时，相关联的字段不一定要有相同的名称，但必须有相同的字段类型，而且即使两个字段都是"数字"字段，也必须具有相同的"字段大小"属性设置，才可以匹配。

(5) 右击"关系"选项卡，在弹出的快捷菜单中选择"保存"选项，便可保存设定的关系，如图 2-81 所示。

商品销售系统的关系如图 2-82 所示。

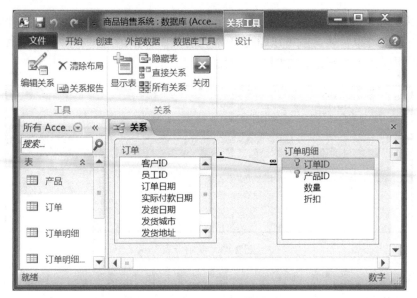

图 2-81 保存设定的关系

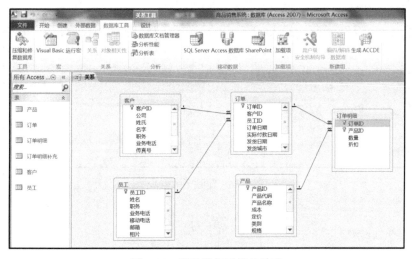

图 2-82 商品销售系统的关系

2.8.2 使用子表

通常在建立表之间的关系以后，Access 会自动在主表中插入子表。但这些子表一开始都是不显示出来的。在 Access 中，让子表显示出来称为"展开"子数据表，让子表隐藏称为将子数据表"折叠"。

要"展开"子数据表，只要单击主表第一个字段前面一格，对应记录的子记录就会"展开"，并且格中的小方框内的"+"标记会变成"–"。如果再单击一次，就可以把这一格的子记录"折叠"起来，小方框内的"–"也变回"+"。例如，现在打开"订单"表，就可以通过单击"订单 ID"前的"+"标记方便查看这个订单所提供的产品记录，如图 2-83 所示。

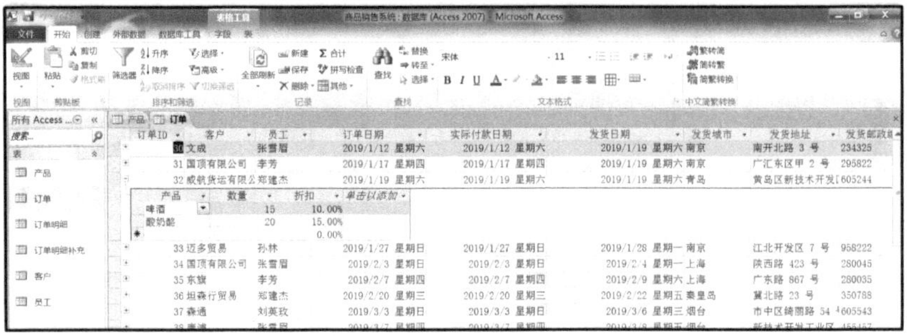

图 2-83　使用子表

若要删除子数据表，则单击"开始"选项卡中"记录"中的"其他"按钮，在弹出的快捷菜单中选择"子数据表"→"删除"选项，就可以删除子数据表，如图 2-84 所示。

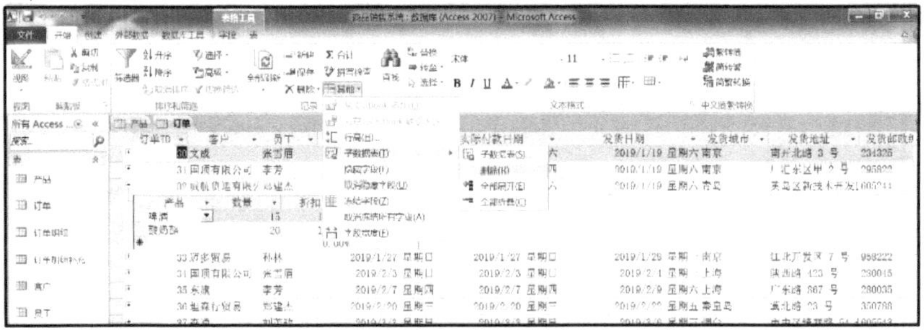

图 2-84　删除子数据表

本 章 小 结

本章主要介绍了有关数据库和表的基本知识，介绍了数据库和表的各种创建方法，并对表的导入、导出操作，记录的排序定位和筛选，表的维护等常用操作进行了介绍。本章的重点是数据库和表的创建与使用，难点是掌握表维护中的表之间关联关系的创建。

习　　题

1. 简述几种打开数据库的方式。

2. 怎样使用 "表设计" 创建表？

3. 字段的数据类型有哪些？

4. 简述 "有效性文本" 和 "有效性规则" 的作用。

5. 简述常用的字段属性。

6. 怎样创建一个表和与之相关的表中的记录间的关联关系？

7. 简述数据的链接与导入的区别。

8. 如何保证数据库中数据的完整性？

第3章 查 询 设 计

本章将介绍查询的概念、分类和视图；如何使用向导和设计视图创建各种查询；在设计视图中如何修改查询、为查询设置准则、在查询中进行计算、创建参数查询、操作查询等。

3.1 查 询 概 念

在使用数据库的过程中，用户常常要查看一些自己需要的信息。例如，用户希望了解客户订购产品的信息。而支持这个信息的数据存放在"客户"表、"产品"表、"订单"表和"订单明细"表中，甚至还会涉及更多的表。也就是说，数据库中数据的存储结构与用户希望见到的数据格式往往不同。为了解决这个问题，就需要建立查询。

3.1.1 查询

查询就是根据给定的条件，从数据库的表中筛选出符合条件的记录，构成用户需要的数据集合。查询的结果以工作表的形式显示，该表与基本表有非常相似的外观，但并不是一个基本表，而是符合查询条件的记录集，其内容是动态的，在符合查询条件的前提下，它的内容随着基本表而变化。查询不保存数据，它是在运行时从一个或多个表中取出数据，运算产生结果，这个结果暂时保存在内存中。查询对象本身仅保存 Access 查询命令。

Access 把对表的增加、更新、删除等操作也归入查询中，同时，查询还可以用于汇总、分析、追加和删除数据。

3.1.2 记录集

记录集是查询返回的结果，Access 把整个由多条记录构成的查询结果称为记录集，记录集分为静态记录集和动态记录集。默认是动态记录集，这表示当修改记录集中的数据后，修改的数据可以存回基础表中，而静态记录集是不可修改的。

3.1.3 查询种类

Access 中查询可分为选择查询、参数查询、交叉表查询、操作查询(删除、更新、追加与生成表)和 SQL 查询(联合查询、传递查询、数据定义查询和子查询)。关于这些查询的详细内容，我们在后面会详细介绍。

3.1.4　查询视图

查询共有以下五种视图。

(1) 设计视图。设计视图就是查询设计器，通过该视图可以设计除 SQL 查询之外的任何类型的查询。

(2) 数据表视图。数据表视图是查询的数据浏览器，通过该视图可以查看查询运行结果，查询所检索的记录。

(3) SQL 视图。SQL 视图是按照 SQL 语法规范显示查询，即显示查询的 SQL 语句，此视图主要用于 SQL 查询。

(4) 数据透视表视图和数据透视图视图。在这两种视图中，可以更改查询的版面，从而以不同方式分析数据。

3.2　用查询向导创建查询

Access 提供了两种创建查询的方法，一种方法是使用查询向导，另一种方法是使用查询设计视图。在实际工作中，我们也可以先用查询向导创建一个初步查询，再用查询设计视图对它进行修改，设计出符合要求的最终查询。

查询向导包括简单查询向导、交叉表查询向导、查找重复项查询向导和查找不匹配项查询向导。

3.2.1　简单查询向导

使用"简单查询向导"可以创建一个简单的选择查询。

【例 3.1】　假设用户想了解产品的名称、标准成本和列出价格。

分析：根据用户的要求，我们发现"产品"表中包含用户需要的信息。

操作步骤如下。

(1) 打开"商品销售系统"数据库，单击"创建"选项卡。

(2) 选择创建查询中的"查询向导"选项，弹出"新建查询"对话框，如图 3-1 所示。

(3) 在图 3-1 中，选择"简单查询向导"选项，再单击"确定"按钮，进入"简单

图 3-1　"新建查询"对话框

查询向导"对话框，如图 3-2 所示。

(4) 在图 3-2 的"表/查询"下拉列表中选择"表: 产品"。

(5) 在"可用字段"列表框中双击所需要的字段，将其添加到"选定字段"列表框中，或通过"可用字段"和"选定字段"两个列表框中间的">"按钮选择所需字段，如图 3-3 所示。

图 3-2 "简单查询向导"对话框(一)

图 3-3 "简单查询向导"对话框(二)

(6) 设置完成后，单击"下一步"按钮。

(7) 在对话框中选择"明细(显示每个记录的每个字段)"选项，单击"下一步"按钮，如图 3-4 所示。

(8) 在图 3-4 中，先在"请为查询指定标题"下面的文本框中为这个查询取一个名字，再选择"打开查询查看信息"单选按钮，然后单击"完成"按钮，如图 3-5 所示。

图 3-4 "简单查询向导"对话框(三)

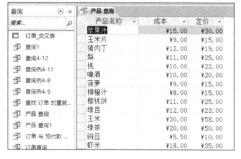

图 3-5 "产品 查询"的运行结果

可以看到，在图 3-5 的左侧列表中，已经建立了一个名为"产品 查询"的查询。

3.2.2 交叉表查询向导

使用"交叉表查询向导"，可以对表中的数据进行统计和分析。"交叉表查询向导"将表中的字段分组，一组显示在数据表的左侧，一组显示在数据表的顶部，行和列交叉处的数据主要是将某字段分组并显示其汇总值,如合计、计算以及平均等。

【例 3.2】 查询各员工经手的订单发往哪些城市的统计情况。

分析:在"订单"表中,只要将每一个员工经手的订单属于相同城市的订单 ID 进行计数就可以实现用户的要求。

操作步骤如下。

(1) 与例 3.1 的操作步骤(1)相同。

(2) 与例 3.1 的操作步骤(2)相同。

(3) 在图 3-1 中,选择"交叉表查询向导"选项,然后单击"确定"按钮,进入"交叉表查询向导"对话框,如图 3-6 所示。

(4) 根据分析,我们选择"表:订单"作为查询选择的数据来源,单击"下一步"按钮,出现如图 3-7 所示的"交叉表查询向导"对话框。

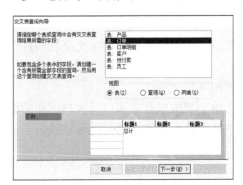

图 3-6 "交叉表查询向导"对话框(一)

图 3-7 "交叉表查询向导"对话框(二)

(5) 选择"员工 ID"作为行标题,单击"下一步"按钮,出现如图 3-8 所示的"交叉表查询向导"对话框。

(6) 选择"发货城市"作为列标题,单击"下一步"按钮,出现如图 3-9 所示的"交叉表查询向导"对话框。

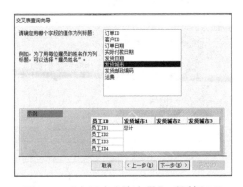

图 3-8 "交叉表查询向导"对话框(三)

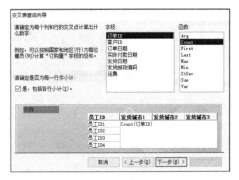

图 3-9 "交叉表查询向导"对话框(四)

(7) 选择"订单 ID"作为行和列的交叉点，并选择 Count 选项，单击"下一步"按钮，出现新的"交叉表查询向导"对话框。

(8) 单击"完成"按钮，产生的查询结果如图 3-10 所示。

员工	总计 订单I	北京	长春	济南	昆明	南昌	南京
张颖	12	1	2	3	1	1	1
王伟	4	1		1			
李芳	6	2	1				1
郑建杰	8	3			1		
孙林	4	1	1				1
金士鹏	2			1			
刘英玫	2						
张雪眉	10	2		1			1

图 3-10　查询结果

3.2.3　查找重复项查询向导

在表中常常有一个或几个字段包含重复值，当我们需要确定重复出现的是哪些记录时，就可以使用重复项查询向导。

【例 3.3】　用户想知道同一城市中有哪些客户。

分析：根据用户的要求，我们发现"订单"表中包含着客户及客户所在的城市。但打开"订单"表后，看到同一城市中的客户出现在不同的位置，我们希望他们出现在一起。

操作步骤如下。

(1) 与例 3.1 的操作步骤(1)相同。

(2) 与例 3.1 的操作步骤(2)相同。

(3) 在图 3-1 中，选择"查找重复项查询向导"选项，然后单击"确定"按钮，进入"查找重复项查询向导"对话框，如图 3-11 所示。

(4) 根据分析，选择"表：订单"作为查询选择的数据来源，然后单击"下一步"按钮，出现如图 3-12 所示的"查找重复项查询向导"对话框。

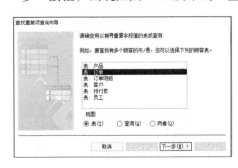　

图 3-11　"查找重复项查询向导"对话框(一)　图 3-12　"查找重复项查询向导"对话框(二)

（5）选择"发货城市"作为包含重复值的字段，重复值字段可以是多个，单击"下一步"按钮，打开如图 3-13 所示的"查找重复项查询向导"对话框。

（6）根据用户要求，选择"客户 ID"作为另外的查询。如果在这一步没有选择任何字段，查询结果将对每一个重复值进行总计。单击"下一步"按钮，再次打开"查找重复项查询向导"对话框。

（7）指定查询名称，单击"完成"按钮，结果的数据视图如图 3-14 所示。

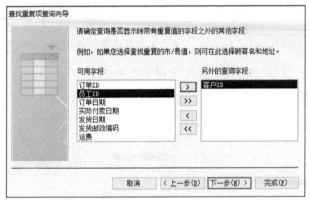

图 3-13　"查找重复项查询向导"对话框(三)　　　　图 3-14　查询结果数据视图

3.2.4　查找不匹配项查询向导

用不匹配项查询可以在两个表中查询一个表有而另一个表没有的记录。在学习例 3.4 前，先增加一个表"预付款"，此表只有一个字段：订单 ID，数据类型为"数字"。在此表中有记录的表示已付过预付款。然后将"订单"表中的"订单 ID"复制过来，再随便删掉几行记录。

【例 3.4】　查询没有预付款的客户名单。

分析：在"订单"表中有客户名，"订单"表和"预付款"表可以通过"订单 ID"字段联系起来。

（1）与例 3.1 的操作步骤(1)相同。

（2）与例 3.1 的操作步骤(2)相同。

（3）在图 3-1 中，选择"查找不匹配项查询向导"选项，然后单击"确定"按钮，进入"查找不匹配项查询向导"对话框，如图 3-15 所示。

（4）选择"表：订单"作为包含记录的表，单击"下一步"按钮，出现如图 3-16 所示的"查找不匹配项查询向导"对话框。

（5）选择"表：预付款"作为不包含记录的表，然后单击"下一步"按钮，打开如图 3-17 所示的"查找不匹配项查询向导"对话框。

图 3-15　"查找不匹配项查询向导"对话框(一)　图 3-16　"查找不匹配项查询向导"对话框(二)

　　(6) 以两个表的共同字段"订单 ID"作为匹配字段，单击"下一步"按钮，打开如图 3-18 所示的"查找不匹配项查询向导"对话框。

图 3-17　"查找不匹配项查询向导"对话框(三)　图 3-18　"查找不匹配项查询向导"对话框(四)

图 3-19　查询结果

　　(7) 确定查询结果中包含的字段，这些字段来自"订单"表，本例选择了"订单 ID"和"客户 ID"。单击"下一步"按钮，再次打开"查找不匹配项查询向导"对话框，在此对话框中输入查询的名称，单击"完成"按钮，就可显示所有没有交预付款的客户，如图 3-19 所示。

3.3　用设计视图创建和修改查询

　　使用四种查询向导只能生成一些简单的查询，对于较复杂的查询，往往不能满足要求。这时就需要用设计视图创建查询，或对向导创建的查询进行修改。

3.3.1　用设计视图创建查询

　　【例 3.5】　在"商品销售系统"数据库中创建一个名为"订单查询"的查询，

它除了包含"订单"表中的信息外，还要包含"客户"表中的信息。

分析：上面的要求在一个表中是无法完成的，这时就需要在设计视图中工作。

操作步骤如下。

(1) 打开"商品销售系统"数据库，选择"创建"选项卡。

(2) 单击"查询设计"按钮，出现如图 3-20 所示的查询设计视图。设计视图分成上下两部分，上面的是表/查询显示窗口，下面的是设计网格。现在，在设计视图上有"显示表"对话框，"显示表"对话框中包含了可以用来建立新查询的所有表和已有查询。

图 3-20　查询设计视图

(3) 添加用于查询的表。在"显示表"对话框中，根据前面的分析，我们先双击"订单"表，再双击"客户"表，这两个表就会出现在视图的上半部分，单击"关闭"按钮关闭"显示表"对话框，如图 3-21 所示。

现在，如果还需要加入其他表，可以在设计视图上半部右击，在弹出的快捷菜单中选择"显示表"选项，又会弹出"显示表"对话框。若要从查询设计视图中删除表，可以右击该表，从弹出的快捷菜单中选择"删除表"选项即可。

(4) 在图 3-21 中可以看到，两个表之间通过"客户 ID"建立了关系。如果表间没有关系，要自己建立关系，方法是用鼠标将一个表中的某个字段拖到另一个表的相应字段，释放鼠标左键，即出现一条横线，表示这两个表通过字段建立了关系。

(5) 选择字段。直接双击需要的字段，可以看到该字段出现在下面的查询设计网格中，这表示现已选择了该字段，如图 3-22 所示。

选择字段也可以通过下面两种方法完成：一种是将表或查询中的字段拖到设计网格窗口中；另一种是先从设计网格的第二行选择一个表或查询，然后从第一行中选择该表或查询的某一个字段。

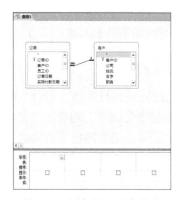 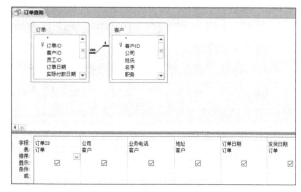

图 3-21　添加用于查询的表　　　　　　图 3-22　选择字段

　　如果要加入所有字段，双击表中的星号 "*" 即可，或拖动表中星号 "*" 到查询设计区的设计网格中，或先在设计网格中选择表或查询，然后选择所有字段的标记 "*"。

　　若要删除已有的列，可以将鼠标移到字段上方，当鼠标的形状变为指向下的黑色箭头时，单击选择列，按 Delete 键即可删除。

　　(6) 查看结果。单击工具栏中的"运行"按钮 ，可得结果，如图 3-23 所示。

订单ID	客户	业务电话	地址	订单日期	发货日期
44	三川实业有限〈	(030) 30074321	大崇明路50号	2019/3/21	
71	三川实业有限〈	(030) 30074321	大崇明路50号	2019/5/21	
36	坦森行贸易	(0321) 65553932	黄台北路780号	2019/2/20	2019/2/22
03	坦森行贸易	(0321) 65553932	黄台北路780号	2019/4/22	2019/4/22
81	坦森行贸易	(0321) 65553932	黄台北路780号	2019/4/22	
31	国顶有限公司	(0571) 45557788	天府东街30号	2019/1/17	2019/1/19
34	国顶有限公司	(0571) 45557788	天府东街30号	2019/2/3	2019/2/4
58	国顶有限公司	(0571) 45557788	天府东街30号	2019/4/19	2019/4/19
61	国顶有限公司	(0571) 45557788	天府东街30号	2019/4/4	2019/4/4
80	国顶有限公司	(0571) 45557788	天府东街30号	2019/4/22	
37	森通	(030) 30058460	常保阁东80号	2019/3/3	2019/3/6
47	森通	(030) 30058460	常保阁东80号	2019/4/5	2019/4/5
56	森通	(030) 30058460	常保阁东80号	2019/3/31	2019/3/31
64	森通	(030) 30058460	常保阁东80号	2019/5/6	2019/5/6

图 3-23　查看结果

　　(7) 保存查询。单击工具栏中的保存按钮，这时出现"另存为"对话框，在"查询名称"文本框中，输入查询名称"订单查询"，然后单击"确定"按钮。

3.3.2　对查询结果排序

　　Access 允许用户对"文本""数字""日期/时间"等类型的字段进行排序。

　　1. 单字段排序

　　【例 3.6】　如果希望例 3.5 中的查询结果按照订单号有序排列，可以对查询结果排序。

操作步骤如下。

(1) 如图 3-24 所示，选择对象栏的"查询"选项，打开查询对象。右击上例建立的"订单查询"，如图 3-25 所示，在弹出的快捷菜单中选择"设计视图"选项，就可打开"订单查询"的设计视图。

图 3-24　进入查询图　　　　　　　图 3-25　　"订单查询"的快捷菜单

(2) 单击"订单 ID"字段的"排序"单元格，这时右边出现一个下拉按钮。单击下拉按钮，打开下拉列表，然后从列表中选择一种排序方式：升序或降序。这里选择"升序"，如图 3-26 所示。

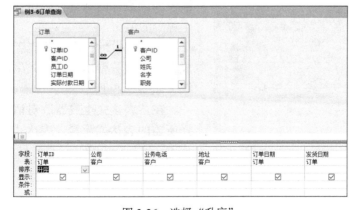

图 3-26　选择"升序"

单击工具栏中的"运行"按钮![运行按钮]，就可得到按升序排列的结果。

2. 多字段排序

按照多个字段进行排序时，Access 首先按照第一个字段排序，当第一个字段的值相同时，再按下一个字段排序，所以应将排序的字段按次序先后，由左至右放置。

【**例 3.7**】 如果用户希望看到图 3-27 所示的结果。可参照上例的步骤，按图 3-28 进行设计。

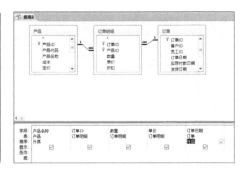

图 3-27　例 3.7 用图　　　　　　　　　　　图 3-28　例 3.7 设计图

3.3.3　使用准则筛选记录

前面介绍了如何选择需要的字段，即如何进行纵向的筛选。本节介绍对数据的横向筛选，即查询出满足一定条件的记录。

对原始数据进行横向筛选，必须输入查询条件，这些条件是用表达式表示的，其输入位置在查询设计视图窗口的"条件"一行中。表达式是操作符、常量、字段值和函数等的组合，该组合将计算出一个单个的值。

在查询设计视图中单击工具栏的"生成器"按钮，弹出"表达式生成器"对话框，如图 3-29 所示。

在"表达式生成器"对话框中可以选择所需的表达式元素、表达式类别和表达式值。

1. 操作符

Access 2010 中常用的操作符有算术操

图 3-29　"表达式生成器"对话框

作符、比较操作符、逻辑操作符和字符串等，如表 3-1～表 3-3 所示。

表 3-1 算术操作符

操作符	含义	示例	结果
+	加	1+3	4
−	减，用来求两数之差或表达式的负值	3−1	2
*	乘	3*4	12
/	除	9/3	3
^	乘方	3^2	9
\	整除	17\4	4
mod	取余	17 mod 4	1

表 3-2 比较操作符

操作符	含义	示例	结果
=	等于	2=3	False
>	大于	2>1	True
>=	大于等于	"A" >= "B"	True
<	小于	1<2	True
<=	小于等于	6<=5	False
<>	不等于	3<>6	True
Between…and…	介于两值之间	Between 10 and 20	在 10 和 20 之间
In(string1,string2,...)	判断某字符串的值是否在指定字符串组中，若在，结果为 True，否则为 False	In("优"，"良"，"中"，"及格")	是 "优" "良" "中" "及格" 中的一个
Like	判断某字符串是否符合指定样式，若符合，其结果为 True，否则为 False	Like "经济*"	表示以 "经济" 两个字开头的字符串

表 3-3 逻辑操作符

操作符	含义	示例	结果
And	与	1<2 And 2>3	False
Or	或	1<2 Or 2>3	True
Not	非	Not 3>1	False
Xor	异或	1<2 Xor 2>1	True A、B 同值时，结果为假；否则为真

续表

操作符	含义	示例	结果
Eqv	逻辑相等	A Eqv B	A、B 同值时，结果为真，否则为假
Imp	逻辑蕴含	A Imp B	当 A 为真时，结果为 B 的值； 当 A 为假时，结果为真； 当 A 为 Null 时，B 为真，结果为真； 其余结果都为 Null

表 3-1～表 3-3 中，比较操作符和逻辑操作符的运算结果只有两个值：True 或 False。

字符串的操作符有一个："&"，表示连接两个字符串。字符串中经常会用到通配符，如表 3-4 所示。

表 3-4 通配符

通配符	功能	举例
*	表示任意数目的字符串，可以用在字符串的任何位置	Wh*可匹配 Why、What、While 等，*at 可匹配 cat、what、bat 等
?	表示任何单个字符或单个汉字	b?ll 可匹配 ball、bill、bell 等
#	表示任何一位数字	1#3 可匹配 123、103、113 等
[]	表示括号内的任何单一字符	b[ac]ll 可匹配 ball 和 bell
!	表示任何不在这个列表内的单一字符	b[!ae]ll 可匹配 bill、bull 等，但不匹配 ball 和 bell
–	表示一个递增范围内的任意单字符	b[a-e]d 可匹配 bad、bbd、bcd 和 bed

在各种操作符的使用过程中，还经常会用到如表 3-5 所示的特殊运算符。

表 3-5 特殊运算符

运算符	含义
Is Null	值为空时为 True，否则为 False
Is Not Null	值为空时为 False，否则为 True

2. 通用表达式

通用表达式如表 3-6 所示。

表 3-6　通用表达式

类别	表达式的值
页码	Page
总页数	Pages
第 N页，共 M页	"第 "& Page &" 页，共 "& Pages&" 页"
当前日期	Date()
当前日期/时间	Now()

3. 函数

Access 2010 提供了许多内置函数，这为用户对数据进行运算和分析带来了极大的方便。图 3-30 展示了 Access 2010 中的日期/时间函数。

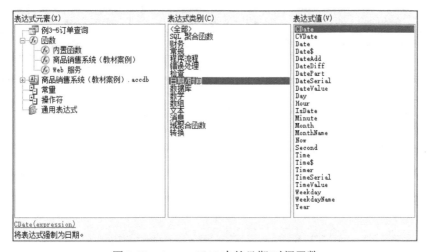

图 3-30　Access 2010 中的日期/时间函数

下面对一些常用的算术函数、日期/时间函数和字符串函数进行简单说明，如表 3-7～表 3-9 所示。其他 Access 函数的说明和使用方法请参阅 Access 帮助及其他相关文档。

表 3-7　算术函数

函数	含义	示例	结果
Abs(number)	返回绝对值	Abs(−1)	1
Int(number)	返回数字的整数部分	Int(−5.4)	−6
Fix(number)	返回数字的整数部分	Fix(−5.4)	−5
Sin(number)	返回指定角度的正弦值	Sin(3.14)	0.00159265291645653
Sgn(number)	返回整数，该值指示数值的符号	Sgn(2009)	1

表 3-8 日期/时间函数

函数	含义	示例	结果
Date()	返回系统当前日期	Date()	2020-3-26(注：随系统日期变化)
Now()	返回系统当前日期和时间	Now()	2020-3-26 13:12:16(注：随系统日期时间变化)
Time()	返回系统当前时间	Time()	13:12:16(注：随系统时间变化)
Year()	返回某日期时间序列数所对应的年份数	Year(Date())	2020

表 3-9 字符串函数

函数	含义	示例	结果
InStr([start,]string1, string2[, compare])	一个字符串在另一个字符串中第一次出现时的位置	InStr（"tu"，"student"）	2
Asc(string)	string 中首字母的 ASCII 码	Asc（"Abs"）	65
Left(string, length)	截取字符串左侧起指定数量的字符	Left（"studen",3）	stu
Len(string)	字符串长度	Len(Microsoft)	9

【例 3.8】 查询已实际付款的产品采购订单情况。

操作步骤如下。

(1) 单击"创建"选项卡下的"查询设计"按钮，进入查询设计视图。

(2) 参照图 3-31 所示进行设计。

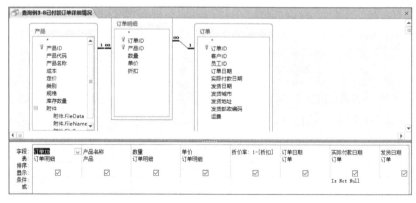

图 3-31 例 3.8 的查询设计

(3) 结果如图 3-32 所示。

【例 3.9】 查询"产品"表中规格以"每袋"两个字符开头的所有产品的信息。

进入查询设计视图，进行如图 3-33 所示的设计。我们看到，在"规格"下的条件为：Like "每袋*"。

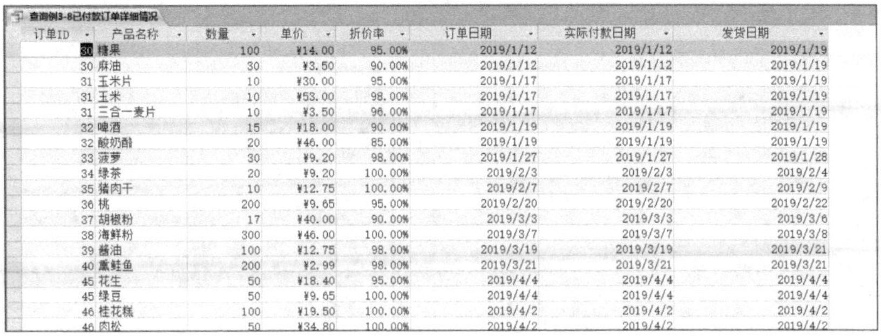

查询例3-8已付款订单详细情况

订单ID	产品名称	数量	单价	折价率	订单日期	实际付款日期	发货日期
30	糖果	100	¥14.00	95.00%	2019/1/12	2019/1/12	2019/1/19
30	麻油	30	¥3.50	90.00%	2019/1/12	2019/1/12	2019/1/19
31	玉米片	10	¥30.00	95.00%	2019/1/17	2019/1/17	2019/1/19
31	玉米	10	¥53.00	98.00%	2019/1/17	2019/1/17	2019/1/19
31	三合一麦片	10	¥3.50	96.00%	2019/1/17	2019/1/17	2019/1/19
32	啤酒	15	¥18.00	90.00%	2019/1/19	2019/1/19	2019/1/19
32	酸奶酪	20	¥46.00	85.00%	2019/1/19	2019/1/19	2019/1/19
33	菠萝	30	¥9.20	98.00%	2019/1/27	2019/1/27	2019/1/28
34	绿茶	20	¥9.20	100.00%	2019/2/3	2019/2/3	2019/2/4
35	猪肉干	10	¥12.75	100.00%	2019/2/7	2019/2/7	2019/2/9
36	桃	200	¥9.65	95.00%	2019/2/20	2019/2/20	2019/2/22
37	胡椒粉	17	¥40.00	90.00%	2019/3/3	2019/3/3	2019/3/6
38	海鲜粉	300	¥46.00	100.00%	2019/3/7	2019/3/7	2019/3/8
39	酱油	100	¥12.75	98.00%	2019/3/19	2019/3/19	2019/3/21
40	熏鲑鱼	200	¥2.99	98.00%	2019/3/21	2019/3/21	2019/3/21
45	花生	50	¥18.40	95.00%	2019/4/4	2019/4/4	2019/4/4
45	绿豆	50	¥9.65	100.00%	2019/4/4	2019/4/4	2019/4/4
46	桂花糕	100	¥19.50	100.00%	2019/4/2	2019/4/2	2019/4/2
46	肉松	50	¥34.80	100.00%	2019/4/2	2019/4/2	2019/4/2

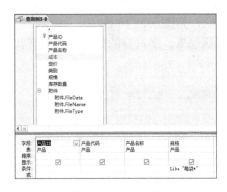

图 3-32　例 3.8 的查询结果

注：星号为通配符，表示任意一个或多个字符(另外一个通配符是问号“?”，表示任意一个字符)。运行结果如图 3-34 所示。

图 3-33　Like 示例

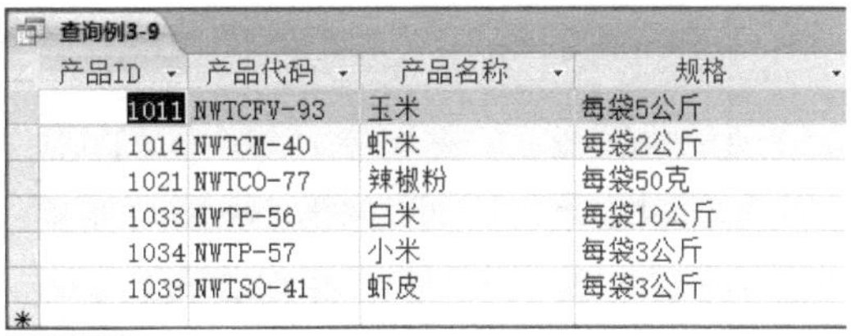

查询例3-9

产品ID	产品代码	产品名称	规格
1011	NWTCFV-93	玉米	每袋5公斤
1014	NWTCM-40	虾米	每袋2公斤
1021	NWTCO-77	辣椒粉	每袋50克
1033	NWTP-56	白米	每袋10公斤
1034	NWTP-57	小米	每袋3公斤
1039	NWTSO-41	虾皮	每袋3公斤

图 3-34　运行结果

【例 3.10】　设计一个 2019 年 4 月份的订单查询。

操作步骤如下。

(1) 进入查询设计视图，进行如图 3-35 所示的设计。

注意：第 2 列中字段的表达式为“姓名: [姓氏] & [名字]”。其中，[姓氏] & [名字]是一个表达式，表示“客户”表的每个记录的“姓氏”字段的值，后接“名字”字段的值。在它们前面加上“姓名:”，可以改变查询的列名。

(2) 在查询设计视图中，将光标定位于“订单日期”下的“条件”中，单击“设计”选项卡中的“生成器”按钮，弹出“表达式生成器”对话框。

(3) 选择“表达式生成器”对话框中“表达式元素”列表框中的“操作符”列表项。

(4) 在“表达式类别”列表框中，单击选择“比较”列表项。

(5) 在“表达式值”列表框中，双击 Between 列表项。如图 3-36 所示，在“表达式生成器"对话框上半部的条件查询框中出现如下内容: Between «表达式» And «表达式»。

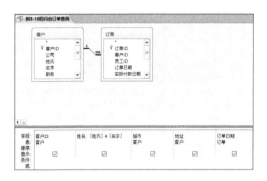

图 3-35 添加 "客户" 表和 "订单" 表

图 3-36 "表达式生成器" 对话框

(6) 将上面文本框中的内容改为 "Between #2019-4-1# And #2019-4-30#", 单击 "确定" 按钮, 关闭 "表达式生成器" 对话框, 如图 3-37 所示。

注意: 在表达式中, 日期型数据需用 "#" 括起来, 字符型的数据需用英文状态下的双引号括起来。

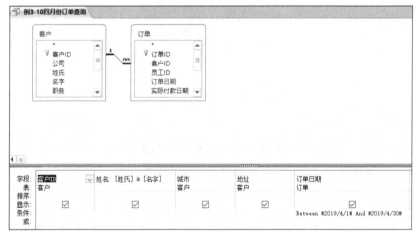

图 3-37 输入日期表达式

(7) 切换到数据表视图, 即可看到 2019 年 4 月份的订单记录。

3.3.4 查询属性

进入查询设计视图后, 单击 "设计" 工具栏的 "属性表" 按钮后, 弹出 "属性表" 对话框, 如图 3-38 所示。利用 "属性表" 对话框, 可以设计更复杂的查询。

【**例 3.11**】 如果想了解进价最贵的 10 种产品,对"产品"表中的标准成本按降序排列,把查询属性"上限值"从 All 改为 10 即可。

操作步骤如下。

(1) 打开查询设计窗口,按图 3-39 进行设计。

注意:在"产品名称"前加上"十种最昂贵的产品:",可以改变查询的列名。

(2) 打开"属性表"对话框,将"上限值"设为 10,如图 3-40 所示。

(3) 运行该查询。

选择查询在默认的情况下,可以对查询的记录集进行编辑,如果不希望用户对查询结果进行编辑,则把查询的属性"记录集类型"设置为"快照"即可。默认的"动态集"是可以更新的。

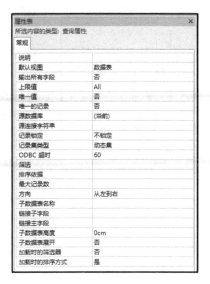

图 3-38 "属性表"对话框

图 3-39 例 3.11 的设计样式

图 3-40 例 3.11 的"属性表"对话框

3.4 使用查询进行统计计算

在实际使用中,查询除了可以用来在各个表中按用户的需要收集数据外,还需要对数据进行统计计算。

新建一个查询,进入查询设计视图,单击"设计"工具栏中的"汇总"按钮 Σ,会在查询设计视图下半部分的设计网格出现"总计"行。再次单击工具栏的"汇

图 3-41　"总计"的选项

总"按钮，可隐藏设计网格出现的"总计"行。单击设计网格"总计"行的下拉按钮，弹出 12 个选项，表示 Access 提供了 12 个总计功能，如图 3-41 所示。

其中，12 个选项分成 4 类：Group By(分组)、合计函数、Expression(表达式)和 Where(条件)。分组是把记录按字段的不同值分成不同的组以便统计，例如，按性别把全部学生分成两组。合计函数包括合计 (Sum)、平均值(Avg)、最小值(Min)、最大值(Max)、计数(Count)、标准差(StDev)、变量、第一条记录 (First)、最后一条记录(Last)。表达式是把几个汇总运算分组并执行该组的汇总。条件是对进入汇总的记录进行筛选。

【例 3.12】　创建一个查询，显示每个订单的小计。

操作步骤如下。

(1) 进入查询设计视图，添加"订单明细"表，双击表中的"订单 ID"字段，在右边的"字段"单元格中输入"小计: Sum(CCur([单价]*[数量]*(1-[折扣])))"。

(2) 单击工具栏中的"汇总"按钮。

(3) 在"订单 ID"字段的"总计"单元格中选择 Group By 选项，在"小计"字段的"总计"单元格中选择 Expression 选项，如图 3-42 所示。

(4) 单击工具栏中的"数据表视图"按钮，查询结果如图 3-43 所示，最后将该查询保存为"订单小计"。

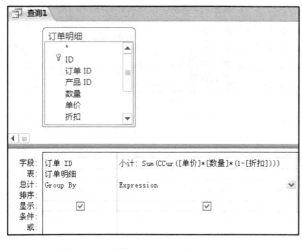

图 3-42　选择 Group By 和 Expression

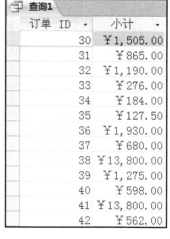

图 3-43　查询结果

3.5 参 数 查 询

前面介绍的准则查询是在准则处输入常量，若准则发生变化，则必须修改准则中的常量，才能完成相应的查询。对不熟悉 Access 的用户来说，要完成这些操作是不现实的。使用参数查询，用户每次只要输入不同的查询参数，就可以得到不同的查询结果，增强了和用户的交互性，使查询更加灵活。

【例 3.13】 创建一个参数查询，用户输入订单号后可看到相应的订单明细。操作步骤如下。

(1) 打开查询设计视图，按照图 3-44 进行设计。

图 3-44 例 3.13 的查询设计视图

(2) 在需要输入参数的字段"订单 ID"对应的"条件"单元格中输入查询准则，即带有方括号"[]"的文本，如"[订单号]"。

(3) 单击"运行"按钮，系统将弹出"输入参数值"对话框，输入订单号后，单击"确定"按钮，即可显示相应的查询结果。

(4) 将此查询保存为"订单明细查询"，以后双击它就可运行该查询，输入订单号后，就可得到相应的查询结果。

3.6 操 作 查 询

操作查询是在选择查询的基础上对数据库中的数据进行复杂的管理工作，用户可以通过操作查询创建一个新的数据表，也可以对数据库中的数据进行修改、增加和删除等操作，从而更有效地管理数据库中的数据。

操作查询共有四种类型：生成表查询、追加查询、更新查询和删除查询。在

图 3-45 所显示的"查询工具"→"设计"→"查询类型"中可以看到四个图标。

图 3-45　操作查询的四种类型

在打开一个 Access 2010 的文件要进行操作查询设计时,若出现如图 3-46 所示的"安全警告　部分活动内容已被禁用,单击此处了解详细信息"的内容,则需单击"启用内容"按钮解除阻止,或进行如下操作解除阻止。

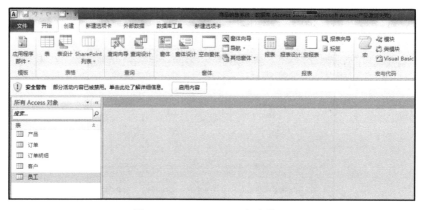

图 3-46　Access 2010 安全警告

(1) 执行"文件"→"选项"→"信任中心"命令,打开"Access 选项"对话框,如图 3-47 所示。

图 3-47　"Access 选项"对话框

(2) 单击"信任中心设置"按钮，打开"信任中心"对话框，选择"宏设置"中的"启用所有宏(不推荐：可能会运行有潜在危险的代码)"单选按钮之后，单击"确定"按钮，如图 3-48 所示。

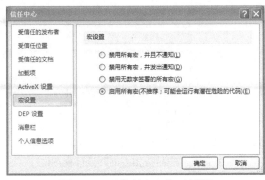

图 3-48 "信任中心"对话框

3.6.1 生成表查询

生成表查询可以将查询结果保存为数据库中的一个新表，即利用数据库中的一个或多个表或者已创建的查询来创建新表，实现数据集合的重组和数据库资源的多次利用。

【例 3.14】 创建一个名为"产品折扣查询"的生成表查询，利用"订单明细"表中的"订单 ID""产品 ID""折扣"字段创建一个新表"产品折扣表"。

操作步骤如下。

(1) 执行"创建"→"查询设计"命令，在查询的设计视图中添加"订单明细"表，如图 3-49 所示。

图 3-49 "产品折扣查询"设计视图(一)

(2) 按图 3-50 所示进行查询设计。

图 3-50　"产品折扣查询"设计视图(二)

(3) 在"查询工具/设计"栏中单击"生成表"按钮,弹出如图 3-51 所示的"生成表"对话框。在"生成表"对话框中输入新表名称"产品折扣表",并选择生成新表在"当前数据库",单击"确定"按钮。

(4) 单击"查询工具/设计"栏中的"运行"按钮,执行生成表查询,系统显示消息框如图 3-52 所示,单击"是"按钮,系统开始生成表。

图 3-51　"产品折扣查询"生成表对话框　　图 3-52　"产品折扣查询"运行显示消息框

(5) 单击"表"对象,可以看到系统已生成一个"产品折扣表",双击后如图 3-53 所示。

(6) 关闭"查询 1",并将该查询另存为"产品折扣查询",单击"确定"按钮,如图 3-54 所示。

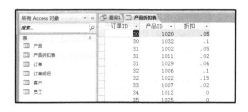

图 3-53　生成"产品折扣表"　　　　　图 3-54　另存为"产品折扣查询"对话框

(7) 若需要对已创建好的"产品折扣查询"进行修改，则可在"查询"对象中右击"产品折扣查询"，再在弹出的快捷菜单中选择"设计视图"选项即可返回该查询的设计视图进行修改操作，如图 3-55 所示。

图 3-55　"产品折扣查询"的修改

【例 3.15】　创建一个名为"产品单价查询"的生成表查询，利用"产品"表和"订单明细"表中的相关信息计算订单中各产品的单价，并将查询结果生成"各订单产品单价表"，表中包括"订单 ID""产品代码""产品名称""单价"字段。注：[单价]=[定价]*(1-[折扣])；"订单 ID"升序排序。

操作步骤如下。

(1) 执行"创建"→"查询设计"命令，在查询的设计视图中添加"产品"表和"订单明细"表，如图 3-56 所示。

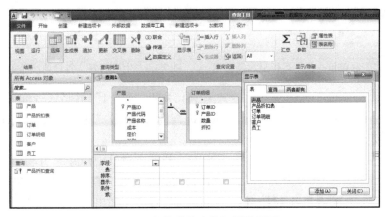

图 3-56　"产品单价查询"设计视图(一)

(2) 按图 3-57 所示进行查询设计。

(3) 在"查询工具/设计"栏中单击"生成表"按钮，弹出如图 3-58 所示的"生成表"对话框。在"生成表"对话框中输入新表名称"各订单产品单价表"，并选择生成新表在"当前数据库"，单击"确定"按钮。

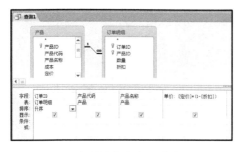

图 3-57 "产品单价查询"设计视图(二)

图 3-58 "产品单价查询"生成表对话框

(4) 单击"查询工具/设计"栏中的"运行"按钮，执行生成表查询，系统显示消息框如图 3-59 所示，单击"是"按钮，系统开始生成表。

(5) 单击"表"对象，可以看到系统已生成一个"各订单产品单价表"，双击该表如图 3-60 所示。

图 3-59 "产品单价查询"运行显示消息框

图 3-60 生成新表"各订单产品单价表"

图 3-61 另存为"产品单价查询"对话框

(6) 关闭"查询 1"，并将该查询另存为"产品单价查询"，单击"确定"按钮，如图 3-61 所示。

(7) 若需要对已创建好的"产品单价查询"进行修改，则可在"查询"对象中右击"产品单价查询"，再在弹出的快捷菜单中选择"设计视图"选项即可返回查询的设计视图进行修改操作。

3.6.2　更新查询

更新查询可以批量修改和更新表或查询中符合条件的一个或多个记录的相关
数据。使用更新查询可简单高效地进行查询操作，但由于运行更新查询后的数据
将永久无法恢复原样，所以在使用更新查询之前，最好对相关数据进行备份，以
免误操作造成数据的修改。对建立了一对一或一对多关系的相关表，如果建立了
级联更新相关字段关系，当更新一方表的关键字的值时，Access 会自动更新级联
表的相关字段的值。

【例 3.16】　　创建一个名为"折扣增加查询"的更新查询，将"产品折扣表"
中"折扣"不为零的记录统一增加 2%。

操作步骤如下。

(1) 创建一个查询设计，在查询的设计视图中添加"产品折扣表"。

(2) 在"查询工具/设计"栏中单击"更新"按钮，设计视图中便多出"更新
到"选项，而"排序"和"显示"选项消失了，这表明系统处于设计更新查询的
状态，根据要求在"折扣"字段对应的"条件"和"更新到"框中输入"<>0"
和"[折扣]+0.02"，如图 3-62 所示。

图 3-62　　"折扣增加查询"设计视图

(3) 单击"查询工具/设计"栏中的"运行"按钮，系统显示一个消息框，询

问是否要进行更新，如图 3-63 所示。单击"是"按钮，系统开始更新记录。

图 3-63 "折扣增加查询"运行显示消息框

(4) 当重新打开"产品折扣表"时，可以看到表中"折扣"字段的值与原表不同，如图 3-64 所示。

查询1	产品折扣表	运行更新查询前	查询1	产品折扣表	运行更新查询后
订单ID			订单ID		
30	1020	.05	30	1020	.07
30	1032	.1	30	1032	.12
31	1002	.05	31	1002	.07
31	1011	.02	31	1011	.04
31	1029	.04			

图 3-64 运行"折扣增加查询"前后对比

图 3-65 另存为"折扣增加查询"对话框

(5) 关闭"查询 1"，并将该查询另存为"折扣增加查询"，单击"确定"按钮，如图 3-65 所示。

(6) 若需要对已创建好的"折扣增加查询"进行修改，则可在"查询"对象中右击"折扣增加查询"，再在弹出的快捷菜单中选择"设计视图"选项即可返回查询的设计视图进行修改操作。

【例 3.17】 创建一个名为"更新产品名称"的更新查询，将"各订单产品单价表"中"产品名称"为"猪肉丁"的记录更改为"牛肉丁"。

操作步骤如下。

(1) 创建一个查询设计，在查询的设计视图中添加"各订单产品单价表"。

(2) 在"查询工具/设计"栏中单击"更新"按钮，设计视图中便多出"更新到"选项，而"排序"和"显示"行消失了，这表明系统处于设计更新查询的状态，根据要求在"产品名称"字段对应的"条件"和"更新到"框中分别输入"猪肉丁"和"牛肉丁"，如图 3-66 所示。

(3) 单击"查询工具/设计"栏中的"运行"按钮，系统显示一个消息框，询问是否要进行更新，如图 3-67 所示。单击"是"按钮，系统开始更新记录。

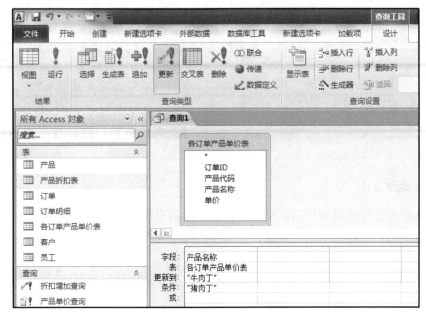

图 3-66 "更新产品名称"设计视图

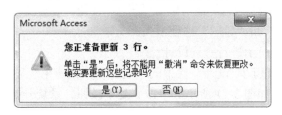

图 3-67 "更新产品名称"运行显示消息框

(4) 当重新打开"各订单产品单价表"时，可以看到表中"产品名称"字段的值与原表不同，如图 3-68 所示。

查询1	各订单产品单价表				查询1	各订单产品单价表		
订单ID	产品代码	产品名称	单价		订单ID	产品代码	产品名称	单价
			17.48					17.48
			30					30
			22					22
58	NWTCFV-90	菠萝	15		58	NWTCFV-90	波萝	15
58	NWTCO-3	蕃茄酱	18.4		58	NWTCO-3	蕃茄酱	18.4
60	NWTCFV-17	猪肉丁	19		60	NWTCFV-17	牛肉丁	19
63	NWTS-8	胡椒粉	33.25		63	NWTS-8	胡椒粉	33.25
63	NWTCM-96	薰鲑鱼	16		63	NWTCM-96	薰鲑鱼	16
67	NWTSO-41	虾皮	30		67	NWTSO-41	虾皮	30
69	NWTCFV-93	玉米	57.42		69	NWTCFV-93	玉米	57.42
70	NWTB-34	啤酒	17.6		70	NWTB-34	啤酒	17.6
71	NWTCFV-17	猪肉丁	18.62		71	NWTCFV-17	牛肉丁	18.62

运行更新查询前 运行更新查询后

图 3-68 "更新产品名称"运行前后对比

图 3-69　另存为"更新产品名称"对话框

(5) 关闭"查询 1",并将该查询另存为"更新产品名称",单击"确定"按钮,如图 3-69 所示。

(6) 若需要对已创建好的"更新产品名称"查询进行修改,则可在"查询"对象中右击"更新产品名称",再在弹出的快捷菜单中选择"设计视图"选项即可返回该查询的设计视图进行修改操作。

3.6.3　删除查询

删除查询可以从表或已创建的查询中删除所有满足条件的记录。但由于运行删除查询后的数据永久无法恢复,所以在使用删除查询之前,最好对相关数据进行备份,以免误删除造成数据的丢失。

【例 3.18】　创建一个名为"删除折扣为'0'的记录"的删除查询,把"产品折扣表"中"折扣"为"0"的记录删除。

(1) 创建一个查询设计,在查询设计视图中,添加"产品折扣表"。

(2) 在"查询工具/设计"栏中单击"删除"按钮,查询设计视图中将增加"删除"选项,"排序"和"显示"选项消失。

(3) 按图 3-70 所示进行查询设计。

(4) 单击"查询工具/设计"栏中的"运行"按钮,系统显示消息框询问是否要进行删除操作,如图 3-71 所示。单击"是"按钮,系统开始删除记录。

图 3-70　"删除折扣为'0'的记录"的设计视图

图 3-71　"删除折扣为'0'的记录"运行显示消息框

(5) 重新打开"产品折扣表",可以看到表中"折扣"为"0"的记录都没有了。

(6) 关闭"查询 1",并将该查询另存为"删除折扣为'0'的记录",单击"确定"按钮,如图 3-72 所示。

(7) 若需要对已创建好的"删除折扣为'0'的记录"查询进行修改,则可在"查询"对象中右击"删除折扣为'0'的记录",再在弹出的快捷菜单中选择"设计视图"选项即可返回该查询的设计视图进行修改操作。

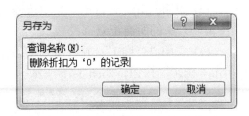

图 3-72 另存为"删除折扣为'0'的记录"对话框

【例 3.19】 创建一个名为"删除'玉米'或'牛肉'系列产品"的删除查询,把"各订单产品单价表"中"产品名称"以"玉米"或"牛肉"开头的所有记录都删除。

(1) 创建一个查询设计,在查询设计视图中,添加"各订单产品单价表"。

(2) 在"查询工具/设计"栏中单击"删除"按钮,查询设计视图中将增加"删除"选项,"排序"和"显示"选项消失。

(3) 按图 3-73 所示进行查询设计。

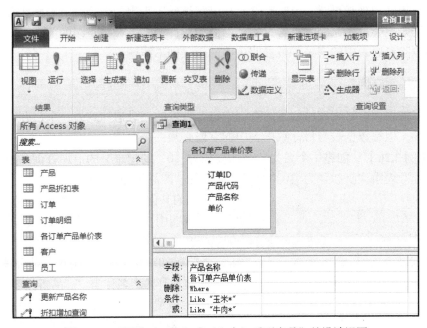

图 3-73 "删除'玉米'或'牛肉'系列产品"的设计视图

(4) 单击"查询工具/设计"栏中的"运行"按钮,系统显示消息框询问是否要进行删除操作,如图 3-74 所示。单击"是"按钮,系统开始删除记录。

(5) 重新打开"各订单产品单价表"，可看到表中"产品名称"以"玉米"或"牛肉"开头的所有记录都没有了。

(6) 关闭"查询 1"，并将该查询另存为"删除'玉米'或'牛肉'系列产品"，单击"确定"按钮，如图 3-75 所示。

图 3-74 "删除'玉米'或'牛肉'系列产品"　　图 3-75 另存为"删除'玉米'或'牛肉'系
消息框　　　　　　　　　　　　　　　　列产品"对话框

(7) 若需要对已创建好的"删除'玉米'或'牛肉'系列产品"查询进行修改，则可在"查询"对象中右击"删除'玉米'或'牛肉'系列产品"，再在弹出的快捷菜单中选择"设计视图"选项即可返回该查询的设计视图进行修改操作。

注：如果要删除多个表中的记录，则表和表之间必须建立关系，且实施参照完整性规则和级联更新、级联删除，在删除被参照表中的记录时，与之相关的表中的记录也会被一起删除；若只实施参照完整性规则，在一对多的关系表中，就只能删除参照表中的记录，被参照表中的记录则不能删除。

3.6.4 追加查询

追加查询可将表或已创建的查询中符合条件的记录追加到另一个已存在的表的尾部，但源数据表与目标数据表中的字段必须一一对应。

【例 3.20】 创建一个名为"添加折扣为'0'的记录"的追加查询，把"订单明细"表中"折扣"为"0"的记录追加到"产品折扣表"中。

图 3-76 "添加折扣为'0'的记录"追加对话框

(1) 创建一个查询设计，在查询设计视图中，添加"订单明细"表。

(2) 在"查询工具/设计"栏中单击"追加"按钮。在弹出的"追加"对话框中选择追加到的表名称为"产品折扣表"，如图 3-76 所示，再单击"确定"按钮。

(3) 按图 3-77 所示进行查询设计。

(4) 单击"查询工具/设计"栏中的"运行"按钮，系统显示一个消息框，询问是否要进行追加，若单击"是"按钮，系统开始追加记录，如图 3-78 所示。

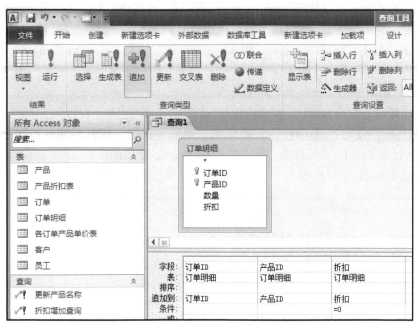

图 3-77 "添加折扣为'0'的记录"设计视图

(5) 重新打开"产品折扣表"，将看到在表原来记录的后面增加了新的记录，如图 3-79 所示。

(6) 关闭"查询 1"，并将该查询另存为"添加折扣为'0'的记录"，单击"确定"按钮，如图 3-80 所示。

图 3-78 "添加折扣为'0'的记录"运行显示消息框

图 3-79 "添加折扣为'0'的记录"的查询结果

图 3-80 另存为"添加折扣为'0'的记录"对话框

（7）若需要对已创建好的"添加折扣为'0'的记录"查询进行修改，则可在"查询"对象中右击"添加折扣为'0'的记录"，再在弹出的快捷菜单中选择"设计视图"选项即可返回该查询的设计视图进行修改操作。

【例 3.21】　创建一个名为"添加'玉米'或'猪肉'系列产品"的追加查询，把"产品"表和"订单明细"表中"产品名称"以"玉米"或"猪肉"开头的相关记录信息追加到"各订单产品单价表"中。

（1）创建一个查询设计，在查询设计视图中，添加"产品"表和"订单明细"表。

（2）在"查询工具/设计"栏中单击"追加"按钮，在弹出的"追加"对话框中选择追加到的表名称为"各订单产品单价表"，如图 3-81 所示，再单击"确定"按钮。

图 3-81　　"添加'玉米'或'猪肉'系列产品"追加对话框

（3）按图 3-82 所示进行查询设计。

图 3-82　　"添加'玉米'或'猪肉'系列产品"设计视图

(4) 单击"查询工具/设计"栏中的"运行"按钮，系统显示一个消息框，询问是否要进行追加，若单击"是"按钮，系统开始追加记录，如图 3-83 所示。

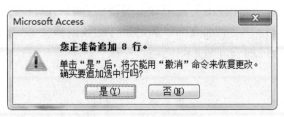

图 3-83　"添加'玉米'或'猪肉'系列产品"运行显示消息框

(5) 重新打开"各订单产品单价表"，将看到在表原来记录的后面增加了新的记录，如图 3-84 所示。

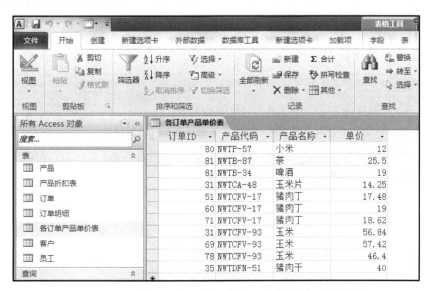

图 3-84　"添加'玉米'或'猪肉'系列产品"查询结果

(6) 关闭"查询 1"，并将该查询另存为"添加'玉米'或'猪肉'系列产品"，单击"确定"按钮，如图 3-85 所示。

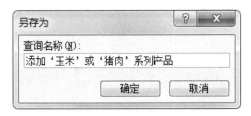

图 3-85　另存为"添加'玉米'或'猪肉'系列产品"对话框

(7) 若需要对已创建好的"添加'玉米'或'猪肉'系列产品"查询进行修改，则可在"查询"对象中右击"添加'玉米'或'猪肉'系列产品"，再在弹出的快捷菜单中选择"设计视图"选项即可返回该查询的设计视图进行修改操作。

注：由于每运行一次追加查询，满足条件的数据都会添加到目标数据表的末尾，因此，在运行追加查询时，只能运行一次。

本 章 小 结

学习了本章后，应该掌握查询的概念、分类和视图；重点掌握如何使用简单查询以及如何使用设计视图创建查询，并掌握修改查询、为查询设置准则、在查询中进行计算、创建参数查询的方法；掌握操作查询、交叉表查询、重复项查询和不匹配项查询的操作。

习 题

1. 什么是查询？Access 2010 中有哪些查询？
2. Access 2010 中查询有哪些视图？它们的作用是什么？
3. Access 2010 有哪些查询向导？
4. SQL 是什么意思？
5. Access 2010 中的操作查询有什么作用？有哪些种类？

第4章 SQL

本章主要介绍 SQL 的基本概念、特征和功能分类；数据定义语言中 CREATE、DROP、ALTER 语句的应用；数据操纵语言中 INSERT、UPDATE 和 DELETE 等语句的应用；数据查询语言中的 SELECT、FROM、WHERE、ORDER BY、GROUP BY 和 HAVING 等子句的应用。

4.1 SQL 概述

SQL 是一种数据库查询和程序设计语言，可用于存取数据以及查询、更新和管理关系数据库系统。SQL 最早是 IBM 的圣约瑟研究实验室为其关系数据库管理系统 System R 开发的一种查询语言，它的前身是 SQUARE 语言。自从 IBM 公司 1981 年推出以来，SQL 得到了广泛的应用。如今无论是像 Oracle、Sybase、DB2、Informix、SQL Server 这些大型的数据库管理系统，还是像 Visual FoxPro、PowerBuilder 这些 PC 上常用的数据库开发系统，都支持 SQL 作为查询语言。美国国家标准协会(American National Standards Institute，ANSI)与国际标准化组织(International Organization for Standardization，ISO)已经制定了 SQL 标准，尽管不同的关系数据库使用的 SQL 版本有一些差异，但大多数都遵循 ANSI SQL 标准。

4.1.1 SQL 的发展

1974 年：SQL 由 Boyce 和 Chamberlin 提出来。

1975~1979 年：IBM 公司研制了著名的关系数据库管理系统原型 System R，同时实现了 SQL 这种查询语言，且该语言被关系数据库管理系统的早期商品化软件(如 Oracle 等)所采用。

1986 年 10 月：由美国国家标准协会公布了 SQL 标准。

1987 年 6 月：ISO 正式采纳它为国际标准。

1989 年 4 月：ISO 提出了具有完整性特征的 SQL，并称为 SQL 89。

1992 年 11 月：ISO 又公布了 SQL 的新标准，即 SQL 92。

此后随着新版本 SQL 99、SQL 2000、SQL 2008、SQL 2012、SQL Server 2014、SQL Server 2016、SQL Server 2017 的相继问世，SQL 进一步得到了广泛应用。

4.1.2　SQL 的功能

SQL 是与数据库管理系统进行通信的一种语言和工具，将数据库管理系统的组件联系在一起。可以为用户提供强大的功能，使用户可以方便地进行数据库的管理、数据的操作。通过 SQL 命令，程序员或数据库管理员可以完成以下功能。

(1) 建立数据库的表格，改变数据库系统环境设置。

(2) 用户可自己定义所存储数据的结构，以及所存储数据各项之间的关系。

(3) 用户可以向数据库中增加新的数据、删除旧的数据以及修改已有数据，有效地支持了数据库数据的更新。

(4) 用户可以从数据库中按照自己的需要查询数据并组织使用它们，其中包括子查询、查询的嵌套、视图等复杂的检索。

(5) 对用户访问数据、添加数据等操作的权限进行限制，以防止未经授权的访问，有效地保护数据库的安全。

(6) 用户可以修改数据库的结构，可以定义约束规则，定义的规则将保存在数据库内部，可以防止因数据库更新过程中的意外或系统错误而导致的数据库崩溃。

4.1.3　SQL 的特点

SQL 已经成为关系数据库通用的查询语言，其结构简洁、功能强大、简单易学，几乎所有的关系数据库系统都支持它。它具有以下主要特点。

(1) SQL 是一种一体化的语言，包括数据定义、数据查询、数据操纵和数据控制等方面的功能，通过 SQL 可以完成有关数据库的所有操作。以前的数据库管理系统为数据查询、数据操纵、数据定义和数据控制等各类操作提供单独的语言，而 SQL 则将全部任务统一在一种语言中。

(2) SQL 是一种高度非过程化的语言。SQL 是高级的非过程化编程语言，允许用户在高层数据结构上工作。它不要求用户指定对数据的存放方法，也不需要用户了解具体的数据存放方式，所以具有完全不同底层结构的不同数据库系统，可以使用相同的 SQL 作为数据输入与管理的接口。即用户不需要一步步地告诉计算机"如何"去做，而只需要描述清楚要"做什么"即可。

(3) SQL 不要求用户指定对数据的存放方法。所有 SQL 语句都使用查询优化器，由它决定对指定数据存取的最快速的手段。

(4) SQL 非常简洁。SQL 功能很强，但只有为数不多的几条命令，语法也非常简单，很接近英语自然语言，容易学习和掌握。它以记录集合作为操作对象，所有 SQL 语句接收集合作为输入，返回集合作为输出，这种集合特性允许一条 SQL 语句的输出作为另一条 SQL 语句的输入，所以 SQL 语句可以嵌套，这使它具有极大的灵活性和强大的功能，在多数情况下，在其他语言中需要一大段程序实现的功能只需要一条 SQL 语句就可以达到目的,这也意味着用 SQL 可以写出非常复杂的语句。

(5) SQL 既是自含式语言,又是嵌入式语言。作为自含式语言,它可以直接以命令方式交互使用;作为嵌入式语言,SQL 语句也可以嵌入其他程序设计语言中,以程序方式使用。尽管 SQL 的使用方式不同,但 SQL 的语法结构基本上是一致的。这种以统一的语法结构提供两种不同使用方式的做法,为用户提供了极大的灵活性和方便性。现在很多数据库开发工具都将 SQL 直接融入自身的语言之中,使用起来更方便。

SQL 具有很大的通用性和灵活性。基于 SQL 的数据库产品能在不同计算机上运行,也支持在不同的操作系统上运行,还可以通过网络进行访问和管理。可以通过使用 SQL 产生不同的报表和视图,将数据库中的数据从用户所需的角度显示在用户面前供用户使用。同时,SQL 的视图功能也能提高数据库的安全性,并且能满足特定用户的需要。

4.1.4 SQL 的分类

SQL 按其功能一般可分为四类,如表 4-1 所示。

表 4-1 SQL 的分类表

分类	功能	语句
数据定义语言	定义、删除和修改数据表	CREATE、DROP、ALTER
数据操纵语言	插入、删除和修改数据库中的数据	INSERT、UPDATE、DELETE
数据查询语言	对数据库中的数据进行查询	SELECT
数据控制语言	管理对数据库和数据库对象的访问权限	GRANT、REVOKE

4.2 SQL 的数据定义语言

数据定义语言是用于描述数据库中要存储的现实世界实体的语言,集中负责数据结构与数据库对象定义,包括定义数据库、基本表、视图和索引,主要功能有创建表、修改表和删除表。

4.2.1 创建表

在 SQL 中,CREATE 语句负责数据库对象的建立,如数据表、数据库索引、预存程序、用户函数、触发程序或用户自定义数据类型等对象,都可以使用 CREATE 语句来建立。但因为各种数据库对象不同,CREATE 通常有很多的参数,如 CREATE TABLE(创建一个数据库表)、CREATE INDEX(创建数据表索引)、

CREATE PROCEDURE(创建存储程序)、CREATE FUNCTION(创建用户函数)、CREATE VIEW(创建视图)和 CREATE TRIGGER(创建触发程序)等，都是用来建立不同数据库对象的指令。

使用 CREATE 语句建立表结构的基本格式如下：

```
CREATE TABLE 表名
(
字段名 1 数据类型 1 [字段级完整性约束 1]，
字段名 2 数据类型 2 [字段级完整性约束 2]，
字段名 3 数据类型 3 [字段级完整性约束 3]，
[……]，
字段名 n 数据类型 n [字段级完整性约束 n]，
[表级完整性约束 n])；
```

说明：

(1) 语句关键字如 CREATE TABLE 等可不区分大小写。

(2) 表名指要创建的表的名称。

(3) 字段名指要创建的字段名称。

(4) 数据类型指相应字段的数据类型，如表 4-2 所示。

表 4-2　基本数据类型

数据类型	关键字	说明
文本	CHAR(n)	n 表示字符长度
数字	整型(INTEGER)	一般占 2B 存储空间
	长整型(LONG)	一般占 4B 存储空间
	单精度型(SINGLE)	一般占 4B 存储空间
	双精度型(DOUBLE)	一般占 8B 存储空间
日期	DATE	一般占 8B 存储空间
货币	MONEY	一般占 8B 存储空间
是/否	LOGICAL	一般占 1B 存储空间
OLE 对象	IMAGE	最多占 1GB 存储空间
备注	MEMO(n)	n 表示字符长度

(5) 常用的约束选项如表 4-3 所示。

表 4-3　常用的约束选项

约束选项	功能
NULL/NOT NULL	指定字段是否为空，NULL 表示空，NOT NULL 表示非空
PRIMARY KEY	指定字段是否为主键
UNIQUE	指定字段是否有重复值

【例 4.1】　在"商品销售系统"数据库中，使用 CREATE 语句创建"类别"表，表的详细设计如表 4-4 所示。

表 4-4　"类别"表

字段名称	数据类型	长度	是否可为空值
类别 ID	数字型	长整型	否
类别名称	文本型	15	否
说明	备注型	—	否
图片	OLE 型	—	否

操作步骤如下。

(1) 打开"商品销售系统"数据库，单击"创建"选项卡下的"查询设计"按钮，将弹出的"显示表"对话框关闭，在"查询工具/设计"栏中单击"SQL 视图"按钮，弹出"SQL 视图"和"设计视图"选项，如图 4-1 所示。

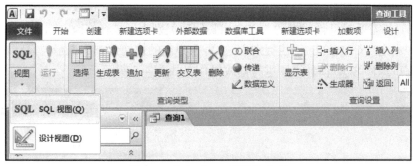

图 4-1　单击"SQL 视图"按钮

(2) 选择"SQL 视图"选项，打开 SQL 设计视图，输入如图 4-2 所示的 SQL 语句。

(3) 单击"查询工具/设计"栏中的"运行"按钮，便可在该系统的表对象中创建一个"类别"表，双击打开"类别"表的数据表视图可输入所需记录，如图 4-3 所示。

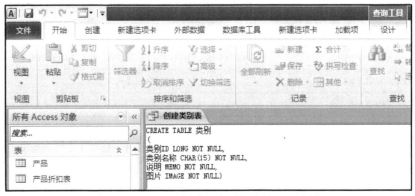

图 4-2　CREATE 创建 "类别" 表的 SQL 语句

图 4-3　"类别" 表数据表视图

(4) 关闭 "查询 1"，并将该查询另存为 "CREATE 创建类别表"，单击 "确定" 按钮，如图 4-4 所示。

(5) 若需要对已创建好的 "CREATE 创建类别表" 进行修改，则可在 "查询" 对象中右击 "CREATE 创建类别表"，再在弹出的快捷菜单中选择 "设计视图" 选项即可返回 SQL 设计视图进行修改操作，如图 4-5 所示。

图 4-4　另存为 "CREATE 创建类别表" 对话框　　图 4-5　修改 "CREATE 创建类别表"

4.2.2　ALTER 语句

ALTER 语句用来修改已建表的结构,包括添加字段、修改字段和删除字段等。由于 ALTER 只需要修改数据库对象的局部,因此不需要定义完整的数据库对象参数,可以根据要修改的内容来决定使用的参数。

使用 ALTER 语句修改已建表结构的基本格式如下:

ALTER TABLE 表名 ADD 字段名 数据类型 [字段级完整性约束]

ALTER TABLE 表名 ALTER 字段名 数据类型

ALTER TABLE 表名 DROP 字段名

说明:

(1) 表名指要修改的表的名称。

(2) ADD 子句可向表中添加新字段。

(3) ALTER 子句可修改表中指定字段的属性,如字段的名称、数据类型等。

(4) DROP 子句可删除表中指定的字段。

(5) 使用 ALTER TABLE 语句对表进行修改时,一次只能添加、修改或删除一个字段,而且修改或删除后的字段不能恢复。

【例 4.2】　在"商品销售系统"数据库中,使用 ADD 子句在"类别"表中添加一个名为"备注"的新字段,数据类型为备注型。

操作步骤如下。

(1) 打开"商品销售系统"数据库,单击"创建"选项卡下的"查询设计"按钮,将弹出的"显示表"对话框关闭,在"查询工具/设计"栏中单击"SQL 视图"按钮,弹出"SQL 视图"和"设计视图"选项,如图 4-1 所示。

(2) 选择"SQL 视图"选项,打开 SQL 设计视图,输入如图 4-6 所示的 SQL 语句。

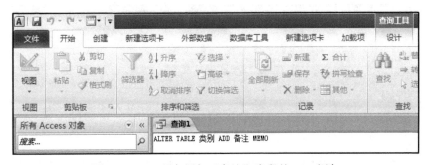

图 4-6　ADD 子句添加"备注"字段的 SQL 语句

(3) 单击"查询工具/设计"栏中的"运行"按钮,然后右击"类别"表打开其设计视图,看到"备注"字段已经添加到"类别"表的末尾,如图 4-7 所示。

(4) 关闭"查询 1"，并将该查询另存为"ADD 子句添加备注字段"，单击"确定"按钮，如图 4-8 所示。

图 4-7　运行"ADD 子句添加备注字段"SQL 语句　图 4-8　另存为"ADD 子句添加备注字
　　　　　　　的结果　　　　　　　　　　　　　　　段"对话框

(5) 若需要对已创建好的"ADD 子句添加备注字段"进行修改，则可在"查询"对象中右击"添加字段"，再在弹出的快捷菜单中选择"设计视图"选项即可返回 SQL 设计视图进行修改操作。

【例 4.3】　在"商品销售系统"数据库中，使用 ALTER 子句修改"类别"表中的"类别名称"字段，将其字段大小修改为 12。

操作步骤如下。

(1) 打开"商品销售系统"数据库，单击"创建"选项卡下的"查询设计"按钮，将弹出的"显示表"对话框关闭，在"查询工具/设计"栏中单击"SQL 视图"按钮，弹出"SQL 视图"和"设计视图"选项，如图 4-1 所示。

(2) 选择"SQL 视图"选项，打开 SQL 设计视图，输入如图 4-9 所示的 SQL语句。

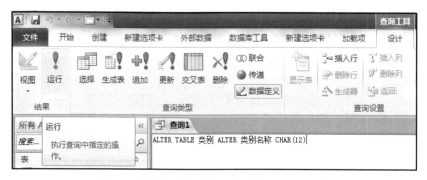

图 4-9　修改类别名称字段大小的 ALTER 子句

(3) 单击"查询工具/设计"栏中的"运行"按钮，然后右击"类别"表打开其设计视图，看到"类别名称"字段的大小从原来的 15 修改为 12，如图 4-10 所示。

图 4-10　运行"ALTER 子句修改类别名称字段大小"的结果

(4) 关闭"查询 1"，并将该查询另存为"ALTER 子句修改类别名称字段大小"，单击"确定"按钮，如图 4-11 所示。

(5) 若需要对已创建好的"ALTER 子句修改类别名称字段大小"进行修改，则可在"查询"对象中右击"ALTER 子句修改类别名称字段大小"，在弹出的快捷菜单中选择"设计视图"选项即可返回 SQL 设计视图进行修改操作。

图 4-11　另存为"ALTER 子句修改类别名称字段大小"对话框

【例 4.4】　在"商品销售系统"数据库中，使用 DROP 子句删除"类别"表中的"备注"字段。

操作步骤如下。

(1) 打开"商品销售系统"数据库，单击"创建"选项卡下的"查询设计"按钮，将弹出的"显示表"对话框关闭，在"查询工具/设计"栏中单击"SQL 视图"按钮，弹出"SQL 视图"和"设计视图"选项，如图 4-1 所示。

(2) 选择"SQL 视图"选项，打开 SQL 设计视图，输入如图 4-12 所示的 SQL 语句。

(3) 单击"查询工具/设计"栏中的"运行"按钮，然后右击"类别"表打开其设计视图，看到"备注"字段已被删除，如图 4-13 所示。

(4) 关闭"查询 1"，并将该查询另存为"DROP 子句删除备注字段"，单击"确定"按钮，如图 4-14 所示。

(5) 若需要对已创建好的"DROP 子句删除备注字段"进行修改，则可在"查询"对象中右击"DROP 子句删除备注字段"，再在弹出的快捷菜单中选择"设计视图"选项即可返回 SQL 设计视图进行修改操作。

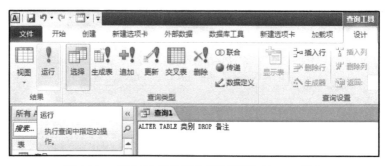

图 4-12　"DROP 子句删除备注字段"的 SQL 语句

图 4-13　运行"DROP 子句删除备注字段"SQL 语句的结果

图 4-14　另存为"DROP 子句删除备注字段"对话框

4.2.3　DROP 语句

DROP 语句是删除数据库对象的指令，并且只需要指定要删除的数据库对象名称即可，在 SQL 语句中是最简单的。

使用 DROP 语句删除已建数据库对象的基本格式如下：

DROP TABLE 表名

注：表名指要删除的表的名称，表一旦被删除，则表中的数据、表的结构等都将被删除，而且无法恢复。

【例 4.5】 使用 DROP 语句删除"商品销售系统"数据库中的"类别"表。操作步骤如下。

(1) 打开"商品销售系统"数据库,单击"创建"选项卡下的"查询设计"按钮,将弹出的"显示表"对话框关闭,在"查询工具/设计"栏中单击"SQL 视图"按钮,弹出"SQL 视图"和"设计视图"选项,如图 4-1 所示。

(2) 选择"SQL 视图"选项,打开 SQL 设计视图,输入如图 4-15 所示的 SQL 语句。

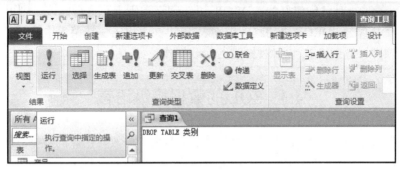

图 4-15 "DROP 语句删除类别表"的 SQL 语句

(3) 单击"查询工具/设计"栏中的"运行"按钮,然后可以看到表对象中的"类别"表已被删除,如图 4-16 所示。

(4) 关闭"查询 1",并将该查询另存为"DROP 语句删除类别表",单击"确定"按钮,如图 4-17 所示。

图 4-16 运行"DROP 语句删除类别表"SQL 语句的结果

图 4-17　另存为"DROP 语句删除类别表"对话框

(5) 若需要对已创建好的"DROP 语句删除类别表"进行修改，则可在"查询"对象中右击"DROP 语句删除类别表"，再在弹出的快捷菜单中选择"设计视图"选项即可返回 SQL 设计视图进行修改操作。

4.3　SQL 的数据操纵语言

数据操纵语言是 SQL 中的一个子集，主要用于修改数据库的数据。它常用的语句有以下三种：INSERT(插入)、UPDATE(更新)和 DELETE(删除)。

4.3.1　INSERT 语句

INSERT 语句可以将一行记录插入指定的一个表中。通过 INSERT 语句，系统将试着把这行记录值填入相应的列中，这些记录值将按照创建表时定义的顺序排列。但是如果记录中的某一列的类型和原来创建的表不符(如将一个字符串填入类型为数字的列中)，系统将拒绝此次操作并返回一个错误信息。如果 SQL 拒绝了这一列值的填入，记录中其他各列的值也不会填入，系统将会被恢复(或称为退回)到此操作之前的状态。

使用 INSERT 语句在指定表中插入新记录的基本格式如下：

```
INSERT INTO 表名 [(字段名 1[,字段名 2[,…]])]
VALUES (字段值 1[,字段值 2[,…]]);
```

说明：

(1) 表名为要插入记录的表的名称。

(2) [(字段名 1[,字段名 2[,…]])]为指定表中要插入新值的字段，可省略；但省略时新插入记录的每一个字段的值的顺序必须与指定表中字段的定义顺序一致，且每个字段均有值(可以为 NULL)。

(3) (字段值 1[,字段值 2[,…]])为指定表中插入的新记录所对应字段的值，其数据类型必须与指定表中对应字段的数据类型一致，且个数也要匹配。

【例 4.6】　使用 INSERT 语句在"产品"表中插入如表 4-5 所示的记录。

表 4-5　产品表(1)

产品 ID	产品代码	产品名称	成本	定价	类别	规格	库存数量	附件
1040	NWTJP-7	酸醋	11.00	17.00	调味品	每箱 12 瓶	9000	

操作步骤如下。

(1) 打开"商品销售系统"数据库,单击"创建"选项卡下的"查询设计"按钮,将弹出的"显示表"对话框关闭,在"查询工具/设计"栏中单击"SQL 视图"按钮,弹出"SQL 视图"和"设计视图"选项,如图 4-1 所示。

(2) 选择"SQL 视图"选项,打开 SQL 设计视图,输入如图 4-18 所示的 SQL 语句。

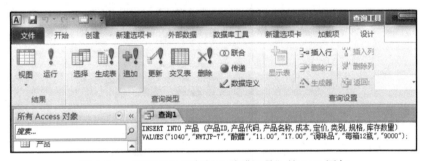

图 4-18　"INSERT 语句插入酸醋记录"的 SQL 语句

(3) 单击"查询工具/设计"栏中的"运行"按钮,系统将显示一个消息框,如图 4-19 所示。单击"是"按钮,系统开始添加新记录。

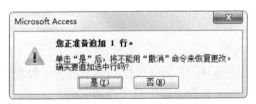

图 4-19　运行"INSERT 语句插入酸醋记录"显示消息框

(4) 在表对象中双击打开"产品"表的数据表视图,可看到新记录已添加到表的末尾,如图 4-20 所示。

(5) 关闭"查询 1",并将其另存为"INSERT 语句插入酸醋记录",单击"确定"按钮,如图 4-21 所示。

(6) 若需要对已创建好的"INSERT 语句插入酸醋记录"进行修改,则可在"查询"对象中右击"INSERT 语句插入酸醋记录",再在弹出的快捷菜单中选择"设计视图"选项即可返回 SQL 设计视图进行修改操作,如图 4-22 所示。

图 4-20　使用 INSERT 语句插入酸醋记录后的"产品"表

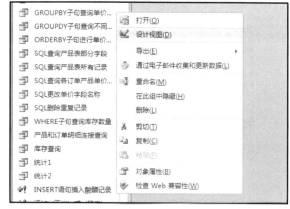

图 4-21　另存为"INSERT 语句插入　　　图 4-22　修改"INSERT 语句插入酸醋记录"
　　　　　酸醋记录"对话框

4.3.2　UPDATE 语句

在数据库的实际使用中，大部分数据都需要进行某种程度的修改，SQL 中的 UPDATE 语句就是用于改变数据库中的现存数据的。这条语句虽然有一些复杂的选项，但因为在大多数情况下，这条语句的高级部分很少使用，所以 UPDATE 语句通常只是用来改变指定表中满足条件的指定字段的数据，利用 UPDATE 语句可以从指定表中删除满足条件的旧记录并插入新记录。UPDATE 语句可以同时更改一个或多个表中的数据；也可以同时更改多个字段的值。

使用 UPDATE 语句在指定表中修改指定记录的基本格式如下：

```
UPDATE 表名 SET 字段名=表达式[,字段名=表达式[,…]]
[WHERE 条件]
```

说明：

（1）"表名"为要修改数据的表的名称。

（2）"字段名=表达式"为用表达式的新值更新指定字段的值。

（3）WHERE 子句为设置被修改记录的字段值所满足的条件，若不使用 WHERE 子句，则 SQL 会用新值修改表内的所有记录。

【例 4.7】　使用 UPDATE 语句在"产品"表中将酸醋产品的规格改为"每瓶350ml"。

操作步骤如下。

（1）打开"商品销售系统"数据库，单击"创建"选项卡下的"查询设计"按钮，将弹出的"显示表"对话框关闭，在"查询工具/设计"栏中单击"SQL 视图"按钮，弹出"SQL 视图"和"设计视图"选项，如图 4-1 所示。

（2）选择"SQL 视图"选项，打开 SQL 设计视图，输入如图 4-23 所示的 SQL 语句。

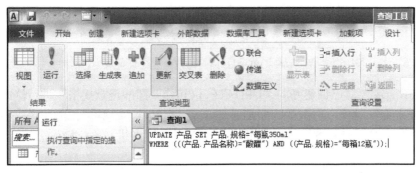

图 4-23　"UPDATE 语句修改醋酸记录规格"的 SQL 语句

（3）单击"查询工具/设计"栏中的"运行"按钮，系统显示一个消息框，如图 4-24 所示。单击"是"按钮，系统开始修改记录。

图 4-24　"UPDATE 语句修改醋酸记录规格"显示消息框

（4）在表对象中双击打开"产品"表的数据表视图，可看到产品名称为"酸醋"的记录的规格已被改为"每瓶 350ml"，如图 4-25 所示。

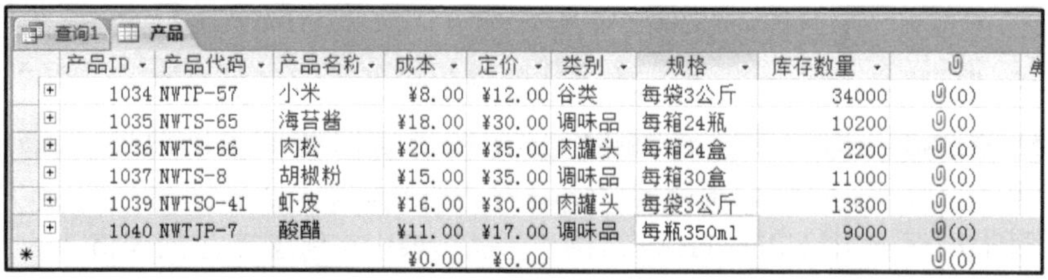

图 4-25　使用 UPDATE 语句修改醋酸记录规格后的"产品"表

(5) 关闭"查询 1",并将其另存为"UPDATE 语句修改醋酸记录规格",单击"确定"按钮,如图 4-26 所示。

图 4-26　另存为"UPDATE 语句修改醋酸记录规格"对话框

(6) 若需要对已创建好的"UPDATE 语句修改醋酸记录规格"进行修改,则可在"查询"对象中右击"UPDATE 语句修改醋酸记录规格",再在弹出的快捷菜单中选择"设计视图"选项即可返回 SQL 设计视图进行修改操作。

4.3.3　DELETE 语句

在数据库的使用过程中,大量过时或冗余的数据需要进行删除,SQL 中的 DELETE 语句就可以提供删除功能。DELETE 语句用来删除表中的一个或多个记录,使用 DELETE 并加入 WHERE 子句中的条件进行删除操作,可以删除满足相关条件的记录,若不加入 WHERE 子句中的条件则会全部删除。

使用 DELETE 语句在指定表中删除指定记录的基本格式如下:

DELETE FROM 表名
[WHERE 条件表达式];

说明:

(1) "表名"为要删除数据的表的名称。

(2) WHERE 子句为指定被删除的记录应满足的条件;若不使用 WHERE 子句,则删除表中的所有记录。

(3) 在使用 DELETE 语句时,只有数据会被删除,且不能恢复,表的结构以及表的所有属性仍然保留,如字段属性及索引等。

(4) "条件表达式"为限定该查询的相关条件语句。

【例 4.8】 使用 DELETE 语句在"产品"表中将产品名称为"酸醋"的记录删除。

操作步骤如下。

(1) 打开"商品销售系统"数据库,单击"创建"选项卡下的"查询设计"按钮,将弹出的"显示表"对话框关闭,在"查询工具/设计"栏中单击"SQL 视图"按钮,弹出"SQL 视图"和"设计视图"选项,如图 4-1 所示。

(2) 选择"SQL 视图"选项,打开 SQL 设计视图,输入如图 4-27 所示的 SQL 语句。

(3) 单击"查询工具/设计"栏中的"运行"按钮,系统显示一个消息框,如图 4-28 所示。单击"是"按钮,系统开始修改记录。

图 4-27 "DELETE 语句删除酸醋记录"的 SQL 语句

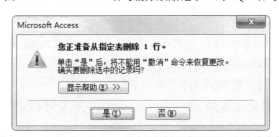

图 4-28 运行"DELETE 语句删除酸醋记录"显示消息框

(4) 在表对象中双击打开"产品"表的数据表视图,可看到产品名称为"酸醋"的记录已被删除,如图 4-29 所示。

(5) 关闭"查询 1",并将其另存为"DELETE 语句删除酸醋记录",单击"确定"按钮,如图 4-30 所示。

(6) 若需要对已创建好的"DELETE 语句删除酸醋记录"进行修改,则可在"查询"对象中右击"DELETE 语句删除酸醋记录",再在弹出的快捷菜单中选择"设计视图"选项即可返回 SQL 设计视图进行修改操作。

图 4-29　使用 DELETE 语句删除酸醋记录后的"产品"表

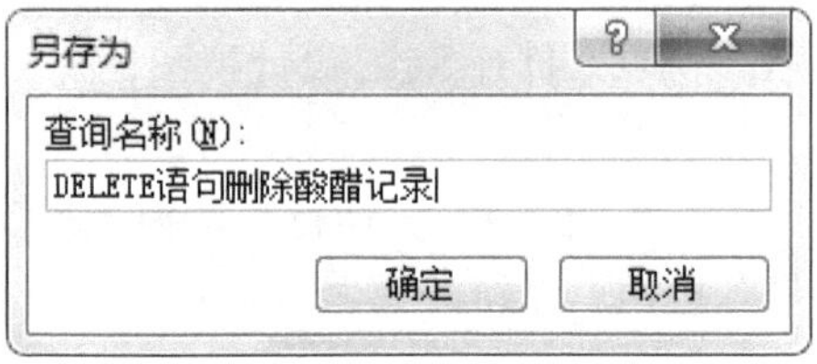

图 4-30　另存为"DELETE 语句删除酸醋记录"对话框

4.4　SQL 的数据查询语言

　　数据查询是数据库的核心操作,数据查询语言是 SQL 中负责进行数据查询而不会对数据本身进行修改的语句,这是最基本的 SQL 语句。数据查询语言的主要功能是查询数据,本身核心指令为 SELECT,为了进行精细的查询,加入了各类辅助指令。

4.4.1　数据查询语言的语句格式

　　SQL 的数据查询虽然只有一条 SELECT 语句,却是用途最广泛的一条语句,具有灵活的使用方式和丰富的功能。

　　SELECT 语句的一般格式为:

SELECT {结果显示范围 ALL\DISTINCT} <目标字段表达式 1>[,<目标字段表达式 2>>...]

FROM 表名 1[,表名 2]...

[WHERE 条件表达式]

[GROUP BY 分组字段名列表 [HAVING<条件表达式>]]

[ORDER BY 排序字段名列表 [ASC/DESC]];

其中,WHERE 子句、GROUP 子句、HAVING 子句、ORDER 子句均为可选项。

注意:

(1) 以上是一条完整的语句,书写时应写在一行之中,逗号可作为在 SQL 中元素的分隔符,在书写时,允许使用通配符"*""?",其中"*"表示任意一个字符串，"?"表示任意一个字符，其功能是从基本表中，根据 WHERE 子句中的条件表达式找出满足条件的记录，按所指定的目标字段选出记录中的分量形成结果表。

(2) "结果显示范围"为记录的范围，ALL 表示所有记录，DISTINCT 表示不包括重复行的记录。

(3) "目标字段表达式"为查询结果中显示的数据，一般为字段名或表达式。

(4) FROM 子句为数据源，即查询所涉及的相关表或已有的查询；表名为要进行数据查询的表的名称。

(5) WHERE 子句为查询条件，用于选择满足条件的记录。

(6) GROUP BY 子句为对查询结果进行分组，HAVING 子句为限制分组的条件。

(7) ORDER BY 子句为对查询结果进行排序，ASC 为升序排序，DESC 为降序排序，缺省时默认为升序。

在 SELECT 语句中，目标字段的描述实现关系投影运算，条件表达式的描述实现选择运算，关于条件表达式的描述，后面将通过案例进行说明。

4.4.2 数据查询语句的实用案例

1. SELECT 子句

SELECT 子句可以对所选择的字段进行简单的选择查询操作。利用选择列表(SELECT_LIST)操作可以选择所查询的字段，它可以由一组字段名列表、星号、表达式、变量(包括局部变量和全局变量)等构成。

1) 选择所有字段

【例 4.9】 创建一个 SQL 查询，要求显示"商品销售系统"数据库中"产品"表的所有字段的数据。

操作步骤如下。

(1) 打开"商品销售系统"数据库，单击"创建"选项卡下的"查询设计"按钮，将弹出的"显示表"对话框关闭，在"查询工具/设计"栏中单击"SQL 视图"按钮，弹出"SQL 视图"和"设计视图"选项，如图 4-1 所示。

(2) 选择"SQL 视图"选项，打开 SQL 设计视图，输入如图 4-31 所示的 SQL 语句。

(3) 单击"查询工具/设计"栏中的"运行"按钮，可直接切换到数据表视图预览查询结果，如图 4-32 所示。如果预览到的结果不符合要求，可再切换回 SQL 视图，修改 SQL 语句即可。

(4) 关闭"查询 1"，并将其另存为"SQL 查询产品表所有字段"，单击"确定"按钮，如图 4-33 所示。

图 4-31　查询产品表所有字段的 SQL 语句

图 4-32　SELECT 查询"产品"表的所有字段结果

图 4-33　另存为"SQL 查询产品表所有字段"对话框

(5) 若需要对已创建好的"SQL 查询产品表所有字段"进行修改，则可在"查询"对象中右击"SQL 查询产品表所有字段"，再在弹出的快捷菜单中选择"设计视图"选项即可返回 SQL 设计视图进行修改操作。

2) 选择部分字段并指定它们的显示次序

查询结果集合中数据的排列顺序与选择列表中所指定的字段名排列顺序相同。

【例 4.10】　创建一个 SQL 查询，要求显示"商品销售系统"数据库中"产品"表的"产品代码"、"产品名称"、"成本"和"库存数量"等字段的信息。

操作步骤如下。

(1) 打开"商品销售系统"数据库，单击"创建"选项卡下的"查询设计"按钮，将弹出的"显示表"对话框关闭，在"查询工具/设计"栏中单击"SQL 视图"按钮,弹出"SQL 视图"和"设计视图"选项,如图 4-1 所示。

(2) 选择"SQL 视图"选项,打开 SQL 设计视图,输入如图 4-34 所示的 SQL 语句。

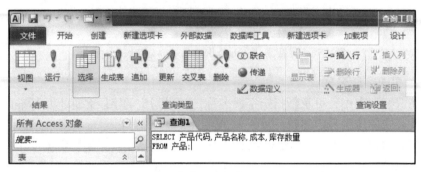

图 4-34　查询"产品"表部分记录的 SQL 语句

(3) 单击"查询工具/设计"栏中的"运行"按钮,可直接切换到数据表视图预览查询结果,如图 4-35 所示。如果预览到的结果不符合要求,可再切换回 SQL 视图,修改 SQL 语句即可。

图 4-35　SELECT 查询"产品"表的部分字段结果

(4) 关闭"查询 1",并将其另存为"SQL 查询产品表部分字段",单击"确定"按钮,如图 4-36 所示。

(5) 若需要对已创建好的"SQL 查询产品表部分字段"进行修改,则可在"查询"对象中右击"SQL 查询产品表部分字段",再在弹出的快捷菜单中选择"设计视图"选项即可返回 SQL 设计视图进行修改操作。

图 4-36　另存为"SQL 查询产品表部分字段"对话框

3) 更改字段名称

在选择列表中，可重新指定字段名称，如果指定的字段名称不是标准的标识符格式，应使用引号定界符。

【例 4.11】　创建一个 SQL 查询，要求将"商品销售系统"数据库中"各订单产品单价表"的"单价"字段名称更改为"零售价"。

操作步骤如下。

(1) 打开"商品销售系统"数据库，单击"创建"选项卡下的"查询设计"按钮，将弹出的"显示表"对话框关闭，在"查询工具/设计"栏中单击"SQL 视图"按钮，弹出"SQL 视图"和"设计视图"选项，如图 4-1 所示。

(2) 选择"SQL 视图"选项，打开 SQL 设计视图，输入如图 4-37 所示的 SQL 语句。

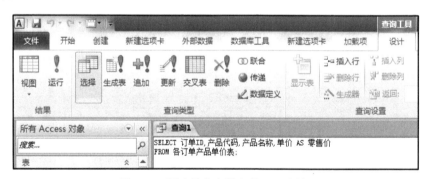

图 4-37　更改单价字段名的 SQL 语句

(3) 单击"查询工具/设计"栏中的"运行"按钮，可直接切换到数据表视图预览查询结果，如图 4-38 所示。如果预览到的结果不符合要求，可再切换回 SQL 视图，修改 SQL 语句即可。

(4) 关闭"查询 1"，并将其另存为"SQL 更改单价字段名称"，单击"确定"按钮，如图 4-39 所示。

(5) 若需要对已创建好的"SQL 更改单价字段名称"进行修改，则可在"查询"对象中右击"SQL 更改单价字段名称"，再在弹出的快捷菜单中选择"设计视图"选项即可返回 SQL 设计视图进行修改操作。

图 4-38　运行更改单价字段名称 SQL 语句的结果

图 4-39　另存为"SQL 更改单价字段名称"对话框

4) 返回唯一不同的值

SELECT 语句中使用 ALL 或 DISTINCT 选项来显示表中符合条件的所有行或显示唯一不同的数据行,默认为 ALL。使用 DISTINCT 选项时,对于所有重复的数据行,在 SELECT 语句返回的结果集合中只保留一行。

【例 4.12】　创建一个 SQL 查询,要求查询"商品销售系统"数据库中"各订单产品单价表"的"单价"信息,不得显示重复记录。

操作步骤如下。

(1) 打开"商品销售系统"数据库,单击"创建"选项卡下的"查询设计"按钮,将弹出的"显示表"对话框关闭,在"查询工具/设计"栏中单击"SQL 视图"按钮,弹出"SQL 视图"和"设计视图"选项,如图 4-1 所示。

(2) 选择"SQL 视图"选项,打开 SQL 设计视图,输入如图 4-40 所示的 SQL 语句。

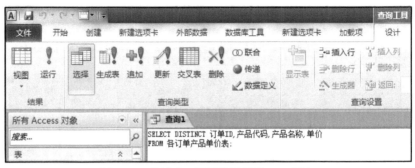

图 4-40　显示唯一不同数据行的 SQL 语句

(3) 单击"查询工具/设计"栏中的"运行"按钮，可直接切换到数据表视图预览查询结果，如图 4-41 所示。如果预览到的结果不符合要求，可再切换回 SQL 视图，修改 SQL 语句即可。

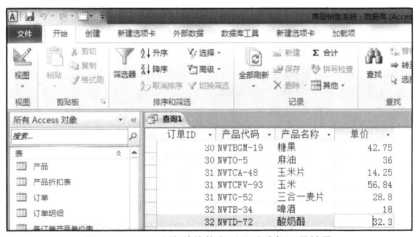

图 4-41　SQL 查询单价信息不显示重复记录结果

(4) 关闭"查询 1"，并将其另存为"SQL 返回唯一不同的值"，单击"确定"按钮，如图 4-42 所示。

图 4-42　另存为"SQL 返回唯一不同的值"对话框

(5) 若需要对已创建好的"SQL 返回唯一不同的值"进行修改，则可在"查询"对象中右击"SQL 返回唯一不同的值"，再在弹出的快捷菜单中选择"设计视图"选项即可返回 SQL 设计视图进行修改操作。

5）限制返回的行数

使用 TOP n [PERCENT]选项限制返回的数据行数，TOP n 说明返回 n 行，而 TOP n PERCENT 时，说明 n 表示百分数，指定返回的行数等于总行数的百分之几。

【例 4.13】　创建一个 SQL 查询，要求查询"商品销售系统"数据库中"各订单产品单价表"的前 5 条记录。

操作步骤如下。

（1）打开"商品销售系统"数据库，单击"创建"选项卡下的"查询设计"按钮，将弹出的"显示表"对话框关闭，在"查询工具/设计"栏中单击"SQL 视图"按钮，弹出"SQL 视图"和"设计视图"选项，如图 4-1 所示。

（2）选择"SQL 视图"选项，打开 SQL 设计视图，输入如图 4-43 所示的 SQL 语句。

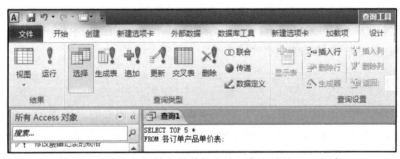

图 4-43　查询各订单产品单价表前 5 条记录的 SQL 语句

（3）单击"查询工具/设计"栏中的"运行"按钮，可直接切换到数据表视图预览查询结果，如图 4-44 所示。如果预览到的结果不符合要求，可再切换回 SQL 视图，修改 SQL 语句即可。

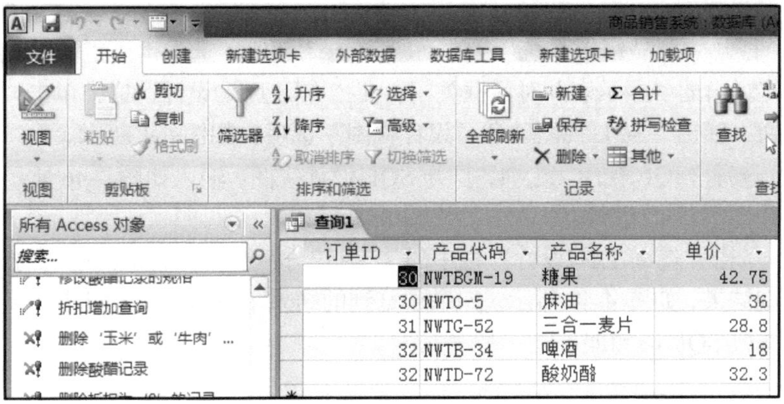

图 4-44　SQL 查询各订单产品单价表前 5 条记录的结果

(4) 关闭"查询 1",并将其另存为"SQL 查询各订单产品单价表前 5 条记录",单击"确定"按钮,如图 4-45 所示。

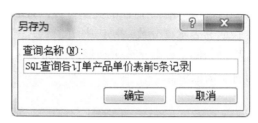

图 4-45　另存为"SQL 查询各订单产品单价表前 5 条记录"对话框

(5) 若需要对已创建好的"SQL 查询各订单产品单价表前 5 条记录"进行修改,则可在"查询"对象中右击"SQL 查询各订单产品单价表前 5 条记录",再在弹出的快捷菜单中选择"设计视图"选项即可返回 SQL 设计视图进行修改操作。

注:若要显示的是百分数,如"查询各订单产品单价表 20%的记录",则把"SELECT TOP 5 * FROM 各订单产品单价表;"改为"SELECT TOP 20 PERCENT * FROM 各订单产品单价表;"即可。

2. FROM 子句

FROM 子句是指定 SELECT 语句查询及与查询相关的表或视图。在 FROM 子句中最多可以指定 256 个表或视图,它们之间要用逗号分隔。在 FROM 子句同时指定多个表或视图时,如果选择列表中存在同名字段,这时应使用对象名限定这些字段所属的表或视图。

【例 4.14】　创建一个 SQL 查询,要求查询"商品销售系统"数据库中"产品"表和"订单明细"表的"产品 ID"、"产品代码"、"产品名称"和"折扣"字段的相关信息。

操作步骤如下。

(1) 打开"商品销售系统"数据库,单击"创建"选项卡下的"查询设计"按钮,将弹出的"显示表"对话框关闭,在"查询工具/设计"栏中单击"SQL 视图"按钮,弹出"SQL 视图"和"设计视图"选项,如图 4-1 所示。

(2) 选择"SQL 视图"选项,打开 SQL 设计视图,输入如图 4-46 所示的 SQL 语句。

(3) 单击"查询工具/设计"栏中的"运行"按钮,可直接切换到数据表视图预览查询结果,如图 4-47 所示。如果预览到的结果不符合要求,可再切换回 SQL 视图,修改 SQL 语句即可。

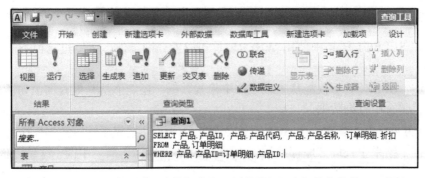

图 4-46　FROM 子句查询"产品"表和"订单明细"表部分字段的 SQL 语句

图 4-47　FROM 子句查询"产品"表和"订单明细"表部分字段的结果

(4) 关闭"查询 1",并将其另存为"FROM 子句查询产品和订单明细部分字段",单击"确定"按钮,如图 4-48 所示。

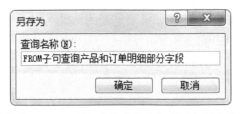

图 4-48　另存为"FROM 子句查询产品和订单明细部分字段"对话框

(5) 若需要对已创建好的"FROM 子句查询产品和订单明细部分字段"进行修改,则可在"查询"对象中右击"FROM 子句查询产品和订单明细部分字段",再在弹出的快捷菜单中选择"设计视图"选项即可返回 SQL 设计视图进行修改操作。

3. WHERE 子句

在 SELECT 语句中使用 WHERE 子句设置查询条件，可以过滤掉不需要的记录。

注：SELECT 不仅能从表或视图中检索数据，还能够从其他查询语句所返回的结果集合中查询数据。

【例 4.15】 创建一个 SQL 查询，要求从"商品销售系统"数据库中的"库存查询"结果中查询"库存数量"小于 3000 的"猪肉干"、"牛肉干"或"肉松"的记录。

操作步骤如下。

(1) 打开"商品销售系统"数据库，单击"创建"选项卡下的"查询设计"按钮，将弹出的"显示表"对话框关闭，在"查询工具/设计"栏中单击"SQL 视图"按钮，弹出"SQL 视图"和"设计视图"选项，如图 4-1 所示。

(2) 选择"SQL 视图"选项，打开 SQL 设计视图，输入如图 4-49 所示的 SQL 语句。

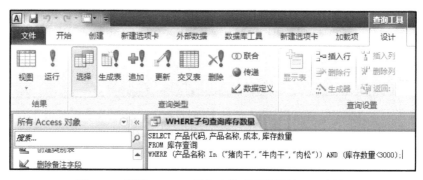

图 4-49 使用 WHERE 子句查询库存数量的 SQL 语句

(3) 单击"查询工具/设计"栏中的"运行"按钮，可直接切换到数据表视图预览查询结果，如图 4-50 所示。如果预览到的结果不符合要求，可再切换回 SQL 视图，修改 SQL 语句即可。

(4) 关闭"查询 1"，并将其另存为"WHERE 子句查询库存数量"，单击"确定"按钮，如图 4-51 所示。

(5) 若需要对已创建好的"WHERE 子句查询库存数量"进行修改，则可在"查询"对象中右击"WHERE 子句查询库存数量"，再在弹出的快捷菜单中选择"设计视图"选项即可返回 SQL 设计视图进行修改操作。

注意：在 WHERE 子句中可以包括以下各种条件运算符。

比较运算符(大小比较)：>、>=、=、<、<=、<>等。

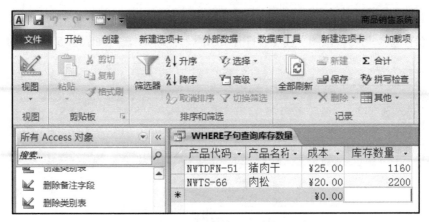

图 4-50 使用 WHERE 子句查询库存数量的结果

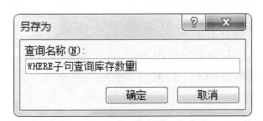

图 4-51 另存为"WHERE 子句查询库存数量"对话框

范围运算符(表达式值是否在指定的范围内)：BETWEEN…AND…、NOT BETWEEN…AND…。

列表运算符(判断表达式是否为列表中的指定项)：IN (项 1,项 2,…)、NOT IN (项 1,项 2,…)。

模式匹配符(判断值是否与指定的字符通配格式相符)：LIKE、NOT LIKE。

空值判断符(判断表达式是否为空)：IS NULL、NOT IS NULL。

逻辑运算符(用于多条件的逻辑连接)：AND、OR、NOT。

4. ORDER BY 子句

在 SELECT 语句中可以使用 ORDER BY 子句对查询返回的结果按一列或多列排序，也可以根据表达式进行排序。

【例 4.16】 创建一个 SQL 查询，将"商品销售系统"数据库中的"各订单产品单价表"中的"单价"字段按降序进行排序显示。

操作步骤如下。

(1) 打开"商品销售系统"数据库，单击"创建"选项卡下的"查询设计"按钮，将弹出的"显示表"对话框关闭，在"查询工具/设计"栏中单击"SQL 视图"按钮，弹出"SQL 视图"和"设计视图"选项，如图 4-1 所示。

(2) 选择"SQL 视图"选项，打开 SQL 设计视图，输入如图 4-52 所示的 SQL
语句。

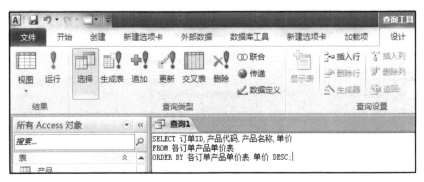

图 4-52　使用 ORDER BY 子句进行"单价"字段降序排列的 SQL 语句

(3) 单击"查询工具/设计"栏中的"运行"按钮，可直接切换到数据表视图
预览查询结果，如图 4-53 所示。如果预览到的结果不符合要求，可再切换回 SQL
视图，修改 SQL 语句即可。

图 4-53　使用 ORDER BY 子句进行"单价"字段降序排列的结果

(4) 关闭"查询 1"，并将其另存为"ORDERBY 子句进行单价降序排序"，单
击"确定"按钮，如图 4-54 所示。

(5) 若需要对已创建好的"ORDERBY 子句进行单价降序排序"进行修改，
则可在"查询"对象中右击"ORDERY 子句进行单价降序排序"，再在弹出的快
捷菜单中选择"设计视图"选项即可返回 SQL 设计视图进行修改操作。

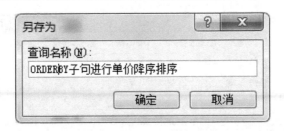

图 4-54　另存为 "ORDERBY 子句进行单价降序排序" 对话框

5. GROUP BY 子句和 HAVING 子句

在 SQL 的语法中，GROUP BY 子句和 HAVING 子句通常用于对数据进行汇总。GROUP BY 子句指明要按照哪几个字段来分组，而将记录分组后，则用 HAVING 子句过滤这些记录。

【例 4.17】　创建一个 SQL 查询，统计 "商品销售系统" 数据库的 "员工" 表中不同职务的员工人数。

操作步骤如下。

(1) 打开 "商品销售系统" 数据库，单击 "创建" 选项卡下的 "查询设计" 按钮，将弹出的 "显示表" 对话框关闭，在 "查询工具/设计" 栏中单击 "SQL 视图" 按钮，弹出 "SQL 视图" 和 "设计视图" 选项，如图 4-1 所示。

(2) 选择 "SQL 视图" 选项，打开 SQL 设计视图，输入如图 4-55 所示的 SQL 语句。

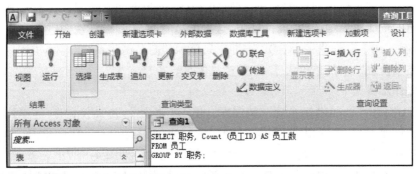

图 4-55　使用 GROUP BY 子句查询不同职务员工人数的 SQL 语句

(3) 单击 "查询工具/设计" 栏中的 "运行" 按钮，可直接切换到数据表视图预览查询结果，如图 4-56 所示。如果预览到的结果不符合要求，再切换回 SQL 视图，修改 SQL 语句即可。

(4) 关闭 "查询 1"，并将其另存为 "GROUPBY 子句查询不同职务员工人数"，单击 "确定" 按钮，如图 4-57 所示。

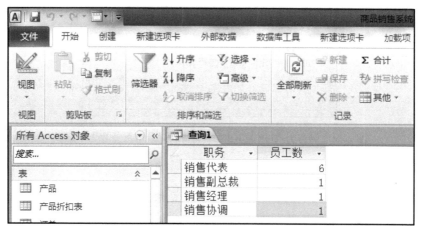

图 4-56　使用 GROUP BY 子句查询不同职务员工人数的结果

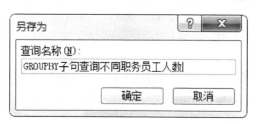

图 4-57　另存为"GROUPBY 子句查询不同职务员工人数"对话框

(5) 若需要对已创建好的"GROUPBY 子句查询不同职务员工人数"进行修改，则可在"查询"对象中右击"GROUPBY 子句查询不同职务员工人数"，再在弹出的快捷菜单中选择"设计视图"选项即可返回 SQL 设计视图进行修改操作。

【例 4.18】　创建一个 SQL 查询，只显示"商品销售系统"数据库中"各订单产品单价表"中的单价大于 40 的产品信息。

操作步骤如下。

(1) 打开"商品销售系统"数据库，单击"创建"选项卡下的"查询设计"按钮，将弹出的"显示表"对话框关闭，在"查询工具/设计"栏中单击"SQL 视图"按钮，弹出"SQL 视图"和"设计视图"选项，如图 4-1 所示。

(2) 选择"SQL 视图"选项，打开 SQL 设计视图，输入如图 4-58 所示的 SQL 语句。

(3) 单击"查询工具/设计"栏中的"运行"按钮，可直接切换到数据表视图预览查询结果，如图 4-59 所示。如果预览到的结果不符合要求，则再切换回 SQL 视图，修改 SQL 语句即可。

(4) 关闭"查询 1"，并将其另存为"GROUPBY 子句查询单价大于 40 的产品"，单击"确定"按钮，如图 4-60 所示。

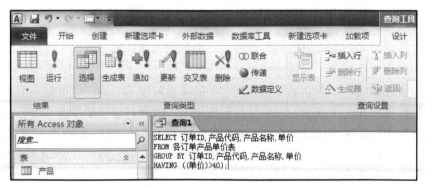

图 4-58　使用 GROUP BY 子句和 HAVING 子句查询单价大于 40 的产品信息的 SQL 语句

图 4-59　GROUP BY 子句和 HAVING 子句的查询结果

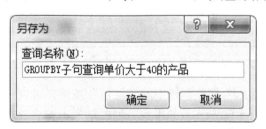

图 4-60　另存为 "GROUPBY 子句查询单价大于 40 的产品" 对话框

　　(5) 若需要对已创建好的 "GROUPBY 子句查询单价大于 40 的产品" 进行修改，则可在 "查询" 对象中右击 "GROUPBY 子句查询单价大于 40 的产品"，再在弹出的快捷菜单中选择 "设计视图" 选项即可返回 SQL 设计视图进行修改操作。

4.4.3　连接查询(JOIN)

连接是关系数据库模型的主要特点，也是它与其他类型数据库管理系统有所区别的一个重要标志，通过连接运算符(JOIN)可以实现对多个表的查询。在关系数据库管理系统中，建立表时各数据之间的关系可以不必确定，可把一个实体的所有信息存放在一个表中，当需要检索数据时，就通过连接操作查询出存放在多个表中的不同实体的信息。SQL 连接查询有很多种类型，如内连接(INNER JOIN)、外连接(OUTER JOIN)、交叉连接(CROSS JOIN)和联合连接(UNION JOIN)等。下面列举一个简单的内连接案例。

【例 4.19 】　使用"商品销售系统"数据库中"产品"表的"产品代码"、"产品名称"和"定价"字段，与"订单明细"表中的"折扣"字段进行连接查询。

操作步骤如下。

(1) 打开"商品销售系统"数据库，单击"创建"选项卡下的"查询设计"按钮，将弹出的"显示表"对话框关闭，在"查询工具/设计"栏中单击"SQL 视图"按钮，弹出"SQL 视图"和"设计视图"选项，如图 4-1 所示。

(2) 选择"SQL 视图"选项，打开 SQL 设计视图，输入如图 4-61 所示的 SQL 语句。

图 4-61　连接查询"产品"表和"订单明细"表中部分字段的 SQL 语句

(3) 单击"查询工具/设计"栏中的"运行"按钮，可直接切换到数据表视图预览查询结果，如图 4-62 所示。如果预览到的结果不符合要求，则再切换回 SQL 视图，修改 SQL 语句即可。

(4) 关闭"查询 1"，并将其另存为"产品和订单明细连接查询"，单击"确定"按钮，如图 4-63 所示。

(5) 若需要对已创建好的"产品和订单明细连接查询"进行修改，则可在"查询"对象中右击"产品和订单明细连接查询"，再在弹出的快捷菜单中选择"设计视图"选项即可返回 SQL 设计视图进行修改操作。

图 4-62　连接查询的结果

图 4-63　另存为"产品和订单明细连接查询"对话框

4.4.4　联合查询(UNION)

SQL 中的 UNION 运算符可以把两个或两个以上的 SELECT 语句的查询结果集合合并成一个结果集合显示，即执行 UNION(联合)查询。在使用 UNION 运算符时，需保证每个联合查询语句的选择列表中都有相同数量的表达式，并且每个查询选择表达式都应具有相同的数据类型，或是可以自动将它们转换为相同的数据类型。在自动转换时，对于数值类型，系统会将低精度的数据类型转换为高精度的数据类型，且联合查询结果的列标题为第一个查询语句的列标题，在定义列标题时必须对第一个查询语句进行定义，要对联合查询结果排序时，也必须使用第一个查询语句中的列名、列标题或者列序号。

UNION 语句的基本语法格式为：

```
SELECT 字段列表
FROM 表名 1[,表名 2]…
[WHERE 条件表达式 1]
UNION [ALL]
```

```
SELECT 字段列表
FROM 表名 a[,表名 b]…
[WHERE 条件格式 2];
```

说明：

(1) "SELECT 字段列表"为待联合的 SELECT 查询语句。

(2) FROM 子句用于说明查询的数据源，可以是单个表或查询，也可以是多个表或查询。

(3) WHERE 子句用于说明查询的条件，条件表达式可以是关系表达式，也可以是逻辑表达式。

(4) UNION 为合并的意思，可将其前后的 SELECT 语句结果进行合并。

(5) ALL 选项表示将所有行合并到结果集合中，在不指定该项时，被联合查询结果集合中的重复行将只保留一行。

(6) 在包括多个查询的 UNION 语句中，其执行顺序是自左至右，使用括号可以改变这一执行顺序。

【例 4.20】　使用联合查询将"统计 1"查询和"统计 2"查询的结果合并。

操作步骤如下。

(1) 打开"商品销售系统"数据库，单击"创建"选项卡下的"查询设计"按钮，将弹出的"显示表"对话框关闭，在"查询工具/设计"栏中单击"联合"按钮，弹出联合查询的设计视图，如图 4-64 所示。

图 4-64　联合查询的设计视图

(2) 在联合查询的设计视图中输入如图 4-65 所示的 SQL 语句。

(3) 单击"查询工具/设计"栏中的"运行"按钮，可直接切换到数据表视图预览查询结果，如图 4-66 所示。如果预览到的结果不符合要求，则再切换回 SQL 视图，修改 SQL 语句即可。

(4) 关闭"查询 1"，并将其另存为"UNION 合并查询结果"，单击"确定"

按钮，如图 4-67 所示。

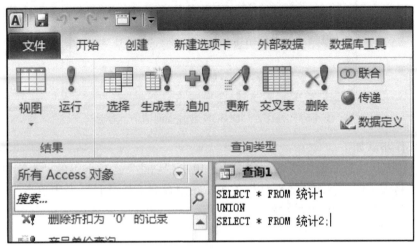

图 4-65 联合查询"统计 1"查询和"统计 2"查询的 SQL 语句

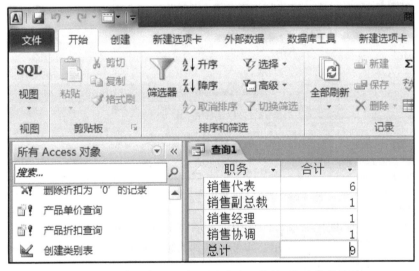

图 4-66 联合查询"统计 1"查询和"统计 2"查询的结果

(5) 若需要对已创建好的"UNION 合并查询结果"进行修改，则可在"查询"对象中右击"UNION 合并查询结果"，再在弹出的快捷菜单中选择"设计视图"选项即可返回 SQL 设计视图进行修改操作。

【例 4.21】 查询"商品销售系统"数据库中"各订单产品单价表"的"单价"字段不同价位的产品有多少种。价位分挡为：20 元以下(含 20 元)、20～40 元(含 40 元)和 40 元以上。

图 4-67　另存为"UNION 合并查询结果"对话框

操作步骤如下。

(1) 打开"商品销售系统"数据库，单击"创建"选项卡下的"查询设计"按钮，将弹出的"显示表"对话框关闭，在"查询工具/设计"栏中单击"联合"按钮，弹出联合查询的设计视图。

(2) 在联合查询的设计视图中输入如图 4-68 所示的 SQL 语句。

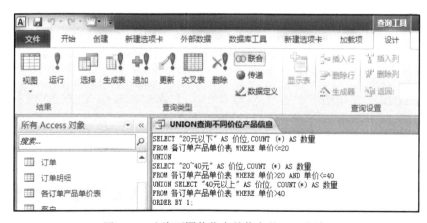

图 4-68　查询不同价位产品信息的 SQL 语句

(3) 单击"查询工具/设计"栏中的"运行"按钮，可直接切换到数据表视图预览查询结果，如图 4-69 所示。如果预览到的结果不符合要求，则再切换回 SQL 视图，修改 SQL 语句即可。

(4) 关闭"查询 1"，并将其另存为"UNION 查询不同价位产品信息"，单击"确定"按钮，如图 4-70 所示。

(5) 若需要对已创建好的"UNION 查询不同价位产品信息"进行修改，则可在"查询"对象中右击"UNION 查询不同价位产品信息"，再在弹出的快捷菜单中选择"设计视图"选项即可返回 SQL 设计视图进行修改操作。

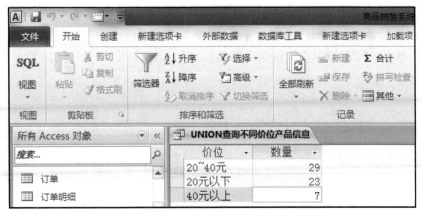

图 4-69　UNION 查询不同价位产品信息的结果

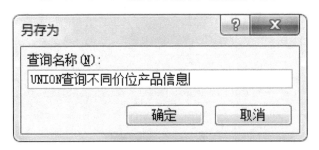

图 4-70　另存为"UNION 查询不同价位产品信息"对话框

本 章 小 结

通过对本章的学习后，应掌握 SQL 语句的基本概念特征和功能分类；掌握数据定义语言中 CREATE、DROP、ALTER 语句的基本操作方法；掌握数据操纵语言中 INSERT、UPDATE 和 DELETE 等语句的基本操作方法；掌握数据查询语言中 SELECT、FROM、WHERE、ORDER BY、GROUP BY 和 HAVING 等子句的基本操作方法。其中重点是 SQL 语句的概念特征和功能分类；难点是各种 SQL 语句的具体操作方法。

习　　题

1. 什么是 SQL？SQL 具有哪些特征？
2. SQL 是怎样分类的？它具有哪些功能？
3. SELECT 语句的一般格式是什么？

4. SQL 常用的数据定义语句有哪些？

5. SQL 常用的数据操纵语句有哪些？

6. SQL 常用的数据查询语句有哪些？

第 5 章 窗 体 设 计

窗体(form)是数据库管理系统的重要对象,利用窗体对象可以设计出友好的用户操作界面,实现用户和数据库应用系统的交互。要创建一个 Access 数据库应用程序系统,制作各种各样的窗体是必不可少的。掌握设计窗体的方法十分重要。

本章在介绍窗体的基本概念的基础上,介绍使用"窗体"工具快速创建窗体、使用"窗体向导"和"设计视图"创建窗体的方法,介绍常用修饰窗体的方法,以及创建主/子窗体、导航窗体及图表类窗体的方法。

5.1 窗 体 概 述

5.1.1 窗体概念和功能

窗体又叫表单,是用户和 Access 应用程序之间的主要接口。数据库是用表来存储数据的,一个完善的数据库应用程序,要使用户能够方便地对数据表进行数据的输入、修改维护以及显示输出。利用 Access 窗体,能使用户轻松地完成数据的各种处理,制定表中数据的多种显示输入输出方法以及完成数据库的各种维护功能。可以说,创建一个 Access 数据库应用程序系统,制作各种各样的窗体是必不可少的。否则,它就不是一个完整的数据库应用程序。

一个好的窗体是非常有用的,不管数据库中表或查询设计得有多好,如果窗体设计得十分杂乱,而且没有任何提示,所建立的数据库就毫无意义。

一般来说窗体可以完成以下几种功能。

1. 显示编辑数据

这是窗体最普通的用法。窗体为自定义数据库中数据的表示方式提供了途径,还可以用窗体更改或删除数据库的数据,如图 5-1 所示的"员工"窗体。

2. 控制应用程序的流程

窗体上可以放置各种命令按钮控件。用户可以通过控件做出选择并向数据库发出各种命令,窗体可以与宏一起配合使用来引导过程动作的流程。例如,可以在如图 5-2(a)所示的"登录"窗体单击"确定"按钮来验证用户名和密码是否正确,如果错误,将弹出对话框提示"用户名或密码错误!",如果正确,将打开"主

图 5-1　"员工"窗体

切换面板"窗体；如图 5-2(b)所示的"查询"窗体，可以在文本框中输入要查询的信息，单击"确定"按钮，获得查询结果。

(a)　"登录"窗体

(b)　"查询"窗体

图 5-2　"登录"窗体和"查询"窗体

3. 显示信息

可以利用窗体显示各种提示信息、警告和错误信息，例如，当用户输入了非法数据时，信息窗口会告诉用户"输入错误"并提示正确的输入方法。

4. 打印数据

Access 中除了报表可以用来打印数据外，窗体也可以打印数据。一个窗体可以同时具有显示数据及打印数据的双重功能。

窗体是 Access 中最复杂的一个对象，窗体的类型、窗体的属性、窗体的设计要素——控件也非常多，以尽可能地满足用户的个性化需求；高级的窗体设计要借助于 VBA 进行编程，对窗体进行精细化设计。

从本质上来说，窗体中没有记录数据，数据只保存在表中，窗体所操纵的数据来自表或查询，数据源最终来自表，窗体的作用是以用户自定义格式对数据进行操作。

5.1.2 窗体类型

Access 的窗体按照其显示特性的不同，可以分为纵栏式窗体、表格式窗体、数据表窗体、数据透视表窗体、数据透视图窗体、主/子窗体和图表窗体。

1. 纵栏式窗体

图 5-3 所示为一个纵栏式窗体或单项目窗体。它的特点是通常显示一条记录，

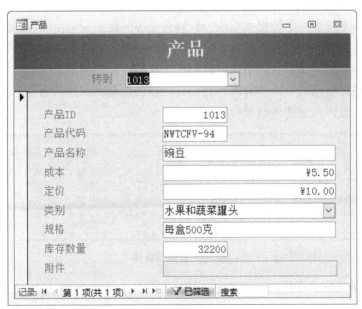

图 5-3 纵栏式窗体

按列分布，每列的左边显示数据的说明信息，右边显示数据。

纵栏式窗体一个页面只显示一条记录，适用于处理简单业务中的数据输入。

2. 表格式窗体

图 5-4 所示为一个表格式窗体或多项目窗体。它的特点是一屏可以查看多条记录。

表格式窗体可以按照自定义方式排列字段，对字段进行布局。它兼具纵栏式窗体和数据表窗体的优点，可以按照定制格式显示记录。

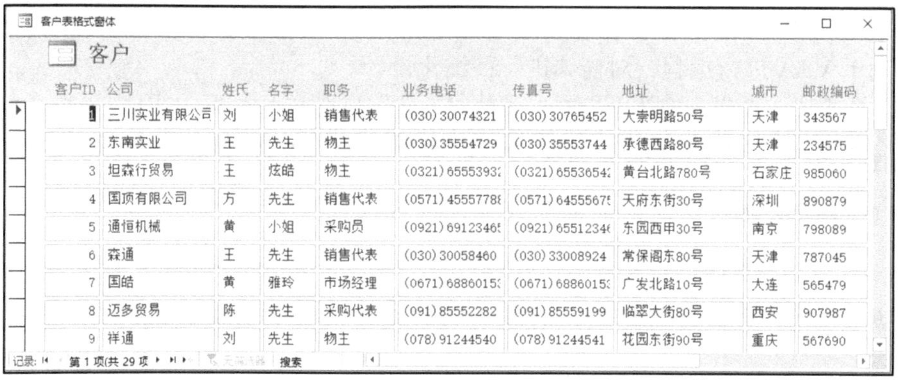
客户表格式窗体

客户

客户ID	公司	姓氏	名字	职务	业务电话	传真号	地址	城市	邮政编码
1	三川实业有限公司	刘	小姐	销售代表	(030) 30074321	(030) 30765452	大崇明路50号	天津	343567
2	东南实业	王	先生	物主	(030) 35554729	(030) 35553744	承德西路80号	天津	234575
3	坦森行贸易	王	炫皓	物主	(0321) 6555393	(0321) 6553654	黄台北路780号	石家庄	985060
4	国顶有限公司	方	先生	销售代表	(0571) 4555778	(0571) 6455567	天府东街30号	深圳	890879
5	通恒机械	黄	小姐	采购员	(0921) 6912346	(0921) 6551234	东园西甲30号	南京	798089
6	森通	王	先生	销售代表	(030) 30058460	(030) 33008924	常保阁东80号	天津	787045
7	国皓	黄	雅玲	市场经理	(0671) 6886015	(0671) 6886015	广发北路10号	大连	565479
8	迈多贸易	陈	先生	采购代表	(091) 85552282	(091) 85559199	临翠大街80号	西安	907987
9	祥通	刘	先生	物主	(078) 91244540	(078) 91244541	花园东街90号	重庆	567690

记录: 第 1 项(共 29 项　无筛选器　搜索

图 5-4　表格式窗体

3. 数据表窗体

图 5-5 所示为一个数据表窗体。它以数据表的样式显示窗体中的数据，数据表窗体运行时，外观与打开数据表时的外观是一样的，数据表窗体的特点是可以显示大量的数据记录；与表格式窗体相比，它的行和列都是定制的，打开时可以动态地调整显示格式，操作方式和数据表一样。数据表窗体适用于以浏览方式编辑、修改、打印大量数据的场合。

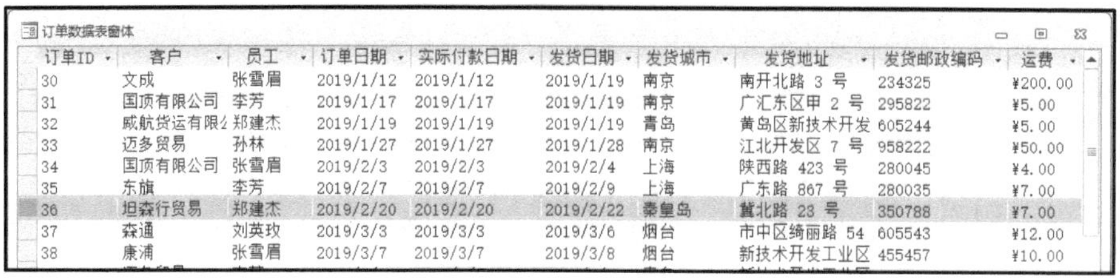
订单数据表窗体

订单ID	客户	员工	订单日期	实际付款日期	发货日期	发货城市	发货地址	发货邮政编码	运费
30	文成	张雪眉	2019/1/12	2019/1/12	2019/1/19	南京	南开北路 3 号	234325	¥200.00
31	国顶有限公司	李芳	2019/1/17	2019/1/17	2019/1/19	南京	广汇东区甲 2 号	295822	¥5.00
32	威航货运有限	郑建杰	2019/1/19	2019/1/19	2019/1/19	青岛	黄岛区新技术开发	605244	¥5.00
33	迈多贸易	孙林	2019/1/27	2019/1/27	2019/1/28	南京	江北开发区 7 号	958222	¥50.00
34	国顶有限公司	张雪眉	2019/2/3	2019/2/3	2019/2/4	上海	陕西路 423 号	280045	¥4.00
35	东旗	李芳	2019/2/7	2019/2/7	2019/2/9	上海	广东路 867 号	280035	¥7.00
36	坦森行贸易	郑建杰	2019/2/20	2019/2/20	2019/2/22	秦皇岛	冀北路 23 号	350788	¥7.00
37	森通	刘英玫	2019/3/3	2019/3/3	2019/3/6	烟台	市中区绮丽路 54	605543	¥12.00
38	康浦	张雪眉	2019/3/7	2019/3/7	2019/3/8	烟台	新技术开发工业区	455457	¥10.00

图 5-5　数据表窗体

4. 数据透视表窗体

数据透视表原是 Excel 中的交互式报表，Access 引入了该工具，以指定数据表或查询为数据源产生一个 Excel 的分析表而建立的窗体形式，称为数据透视表窗体。图 5-6 是一个数据透视表窗体，用户可以对表格内的数据进行操作，也可以改变数据透视表的布局，满足不同的数据分析要求。

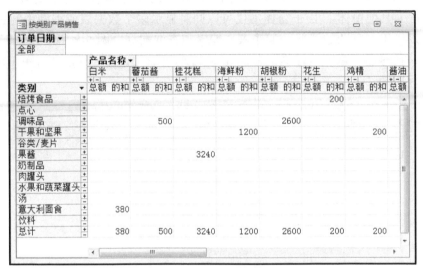

图 5-6　数据透视表窗体

5. 数据透视图窗体

类似地，以指定数据表或查询为数据源产生一个 Excel 的分析图而建立的窗体形式，称为数据透视图窗体。图 5-7 是一个数据透视图窗体，用户也可以拖动窗体内的字段和数据项来查看不同级别的详细信息图表。

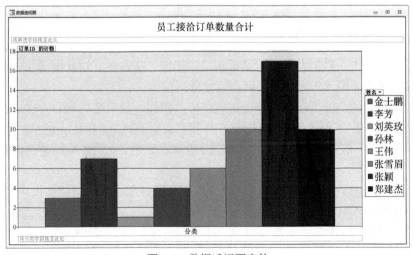

图 5-7　数据透视图窗体

6. 主/子窗体

一般地，一个简单窗体处理的只是单一的数据表或查询中的数据；若窗体的记录源涉及不止一个数据表或查询，就要使用主/子窗体技术，即在一个窗体中嵌入其他窗体。主/子窗体不仅可以同时显示多个数据表或查询中的数据，还可以用于更复杂的情况，如输入、编辑和查询数据。图 5-8 所示为"订单"窗体，它的记录源有"订单"表、"扩展订单明细"查询，通过"订单 ID"字段进行连接。

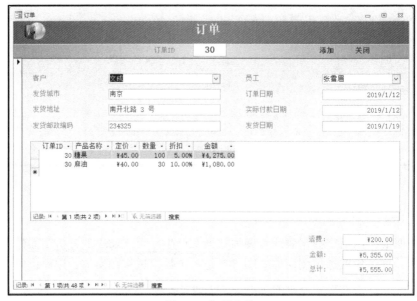

图 5-8　主/子窗体

7. 图表窗体

图表窗体中，数据及其分析结果将以柱形图、折线图、饼状图等 Excel 图表形式显示出来。图 5-9 为"各类别金额统计"窗体。

按照窗体的功能可以将窗体分为数据输入窗体、导航窗体和自定义对话框。

(1) 数据输入窗体。使用数据输入窗体可将数据添加到数据库，或者查看、编辑和删除数据。一般常用也常见的窗体都属于此类，如图 5-1、图 5-3～图 5-5 所示的窗体。

(2) 导航窗体。创建导航窗体可以简化启动数据库中各种窗体和报表的过程。导航窗体如图 5-10 所示。

(3) 自定义对话框。当需要对用户输入进行操作时，可以创建对话框。自定义对话框窗体如图 5-2 所示。

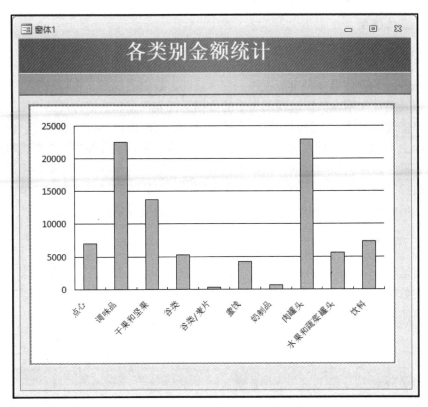

图 5-9 图表窗体

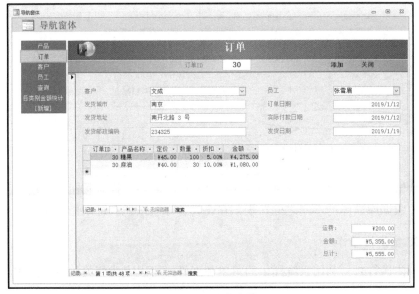

图 5-10 导航窗体

5.1.3 窗体使用

1. 窗体的视图

Access 的窗体有 4 种常见视图：窗体视图、数据表视图、布局视图、设计视图，以及两种仅用在数据透视图表中的数据透视表视图和数据透视图视图。窗体视图是能够同时输入、修改和查看完整的记录数据的窗口，可显示图片、命令按钮、OLE 对象等；数据表视图以行列方式显示表、窗体、查询中的数据，可用于编辑字段、添加和删除数据，以及查找数据。布局视图和设计视图都是用来创建和修改设计窗体的窗口，关于这两种视图下设计窗体的异同，后面的章节会仔细介绍。不同视图可在选中窗体对象后右击它通过快捷菜单进行切换。

2. 窗体的运行

要运行一个已经存在的窗体时，直接双击它即可，窗体打开时显示第一条记录中的数据，并显示全部记录数，此时可以对数据进行编辑修改。以纵栏式的"客户"窗体为例，窗体的运行结构如图 5-11 所示。

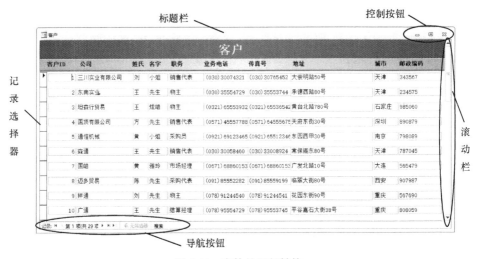

图 5-11　窗体的运行结构

窗体就是一个窗口，具有普通窗口具有的标题栏、控制按钮、滚动栏等基本要素，数据库窗体的不同之处在于，它还具有导航按钮和记录选择器。

3. 窗体的操作

窗体运行时，利用系统提供的菜单和工具栏可以完成相关的窗体操作。

(1) 记录导航和定位：与数据表的操作类似，利用导航按钮，移动记录到下一条、上一条、第一条和最后一条，以及指定编号的记录，还可以新添加一条记录。

利用"查找"按钮，在弹出的"查找和替换"对话框中输入条件，完成记录查找等功能。

(2) 记录编辑：打开一个窗体时，窗体显示的是第一条记录，此时即编辑状态，可以对选定的记录进行编辑，与数据表视图一样，可执行复制、粘贴、剪切、删除等操作；对于 OLE 对象的数据，如"照片"等可以在窗体中直接显示出来，双击该对象即可进行编辑。

(3) 排序和筛选：工具栏中提供"排序"和"筛选"等按钮，对窗体中的记录进行排序和筛选，操作方法与数据表视图中类似。

要注意的是，对纵栏式窗体和表格式窗体，只能按一个字段的取值排序；要按多字段排序，可以先切换到数据表视图，按多字段排序后再切换回来。

此外，窗体的打印预览与打印功能可以按原样打印窗体，也可以不打印背景，只打印数据，通过页面设置进行相关选择即可。

5.2 使用窗体工具和向导创建窗体

Access 提供三种主要的方法来创建窗体：窗体工具、窗体向导、窗体设计(空白窗体)。

(1) 使用窗体工具：通过提供给窗体记录源快速自动完成窗体的创建，基于单个表或查询创建窗体；有单项目(纵栏式)、多个项目(表格式)、数据表、分割窗体、模式对话框、数据透视表和数据透视图七种。

(2) 使用窗体向导：在向导的提示下，一步一步提供创建窗体所需的各种参数，最终完成窗体，可以基于一个或多个表或查询创建窗体，可创建纵栏式、表格式、两端对齐和数据表窗体。

(3) 使用窗体设计或空白窗体：可以自行创建窗体，独立设计窗体的每一个对象，是最灵活的方式，可以创建任何类型的窗体，并且可以修改完善窗体。

无论用哪种方法创建一个新窗体，都可以首先在表或查询对象窗口中选中记录源，在"创建"选项卡的窗体功能区域选择不同创建方式来创建。

5.2.1 创建单项目窗体

可以使用"窗体"工具快速创建一个单项目窗体(纵栏式窗体)。这类窗体每次显示一条记录的信息，如图 5-12 所示，创建单项目窗体的步骤如下。

(1) 在导航窗格中，单击包含要在窗体上显示的数据的表或查询，如"员工"表。

(2) 在"创建"选项卡下的"窗体"组中，单击"窗体"按钮，即可看见效果。

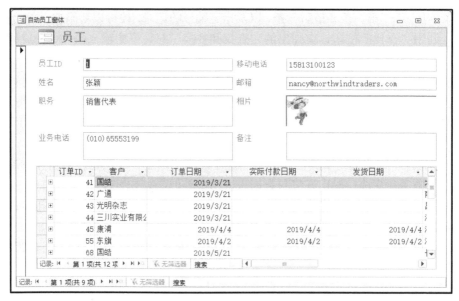

图 5-12　单项目窗体

说明：①该窗体显示一条记录的信息；②如果某个表与用来创建窗体的表之间有一对多关系，Access 将在主窗体(记录源为表间关系中属于"一"的那方的表)中添加一个子窗体(记录源为表间关系中属于"多"的那方的表)以显示相关信息，而且子窗体一般是数据表形式的窗体。例如，如果创建了一个基于"员工"表的简单窗体，而"员工"表与"订单"表之间定义了一对多关系，该子窗体就会显示"订单"表中与当前的员工记录有关的所有记录。如果不希望窗体上有子窗体，可以删除该子窗体，方法是切换到设计视图，选择该对象，然后按 Delete 键。

如果有多个表与用于创建窗体的表具有一对多关系，Access 则不会向该窗体中添加任何子窗体。

5.2.2　创建多项目窗体

多项目窗体也称为连续窗体、表格窗体，它可以同时显示多条记录中的信息。这些数据排列在行和列中(类似于数据表)，并且多条记录同时显示。然而，由于是窗体，它的自定义选项要比数据表更多一些。可以添加一些功能，如图形元素、按钮及其他控件。创建多项目窗体的步骤如下。

(1) 在导航窗格中，单击包含要在窗体上显示的数据的表或查询。

(2) 在"创建"选项卡下的"窗体"组中，选择"更多窗体"选项，然后单击"多项目"按钮，Access 将创建窗体，并以布局视图显示该窗体。在布局视图中，可以在窗体显示数据的同时对窗体进行设计方面的更改。例如，可以调整文本框的大小，使其与数据相适应。若要开始使用窗体，切换到窗体视图，多项目窗体如图 5-4 所示的"客户"表格式窗体。

5.2.3　创建分割窗体

分割窗体可以同时提供数据的两种视图：窗体视图和数据表视图。这两种视图连接到同一记录源，并且总是保持同步。如果在窗体的其中一部分中选择了一个字段，则会在窗体的另一部分中选择相同的字段。可以在任一部分中添加、编辑或删除数据。

使用分割窗体可以在一个窗体中同时利用两种窗体类型的优势。例如，可以使用窗体的数据表部分快速定位记录，然后使用窗体部分查看或编辑记录。窗体部分以醒目而实用的方式呈现出数据表部分，如图 5-13 所示。创建分割窗体的步骤与多项目窗体相同，此处不再详述。此外，还可以将现有窗体转变为分割窗体。

图 5-13　分割窗体

5.2.4　创建模式对话框

使用窗体工具快速创建对话框式窗体，单击"其他窗体"选项中的"模式对话框"按钮，Access 自动创建如图 5-14 所示的窗体。

以上窗体边框为对话框边框，去掉了其他类窗体自带的导航按钮、记录选择

图 5-14　创建模式对话框式窗体

器、滚动栏、最大化及最小化按钮等部件，自带"确定"和"取消"按钮，功能均为单击即关闭窗体。用户只需要在窗体中添加其他控件、对已有的命令按钮做调整即可完成窗体创建，如添加标题标签和图像等控件，可设计成欢迎对话框。

此外，还可以使用窗体工具快速创建数据表窗体，其方法与上述单项目、多项目窗体类似，此处不再详述。

5.2.5　使用窗体向导创建窗体

窗体设计是数据库应用系统设计的重要步骤，也需花费大量精力，为了提高开发数据库应用系统的效率，Access 提供了一系列向导，用户可以在向导的详细步骤指导下，快速创建各种对象。

创建窗体的通常方法是先利用窗体向导快速生成窗体原型，再切换到设计视图对它进行修改和加工。下面用实例说明通过窗体向导创建窗体的具体步骤。

【例 5.1】　创建纵栏式"产品"窗体，记录源为"产品"表，显示所有字段。具体操作步骤如下。

(1) 在表对象窗口中，选中"产品"表，再单击"创建"选项卡，单击"窗体"功能区的"窗体向导"按钮，打开如图 5-15 所示的"窗体向导"对话框。

(2) 在如图 5-15(a)所示的对话框中，从左侧的"可用字段"列表框选择要显示的字段，单击">"或">>"按钮，右侧的列表框列出所有要显示在窗体中的字段，此处单击">>"按钮，然后单击"下一步"按钮。

(3) 在如图 5-15(b)所示的对话框中，选择窗体的布局，一共有纵栏表、表格、数据表、两端对齐四种，此处选择"纵栏表"，然后单击"下一步"按钮。

(4) 在如图 5-15(c)所示的对话框中，确定窗体的标题为"产品"，然后单击"完成"按钮，创建了如图 5-15(d)所示的"产品"窗体。

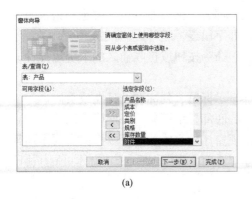
(a)

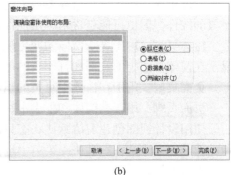
(b)

(c)

(d)

图 5-15　创建"产品"窗体

5.3　使用设计视图创建窗体

"窗体设计"(设计视图)提供了最灵活的创建窗体的方法,在设计视图中,每一个元素都可以自己创建和修改,在设计视图中还可以修改使用窗体工具和窗体向导创建的窗体,使之完善,因此设计视图是功能最强的设计窗体的方法,是窗体设计的核心。学习这种方法之前必须先了解窗体的构成和窗体设计工具。

5.3.1　窗体结构

窗体由窗体本身和窗体所包含的控件组成。

(1) 窗体本身:由窗体页眉、窗体主体、窗体页脚、页面页眉、页面页脚五部分组成。每一部分称为一个"节",其中主体节是必不可少的,其他的节根据需要可以显示或者隐藏。

窗体页眉:用于显示窗体的标题和使用说明,或放置命令按钮,用来打开相关窗体或者执行其他任务。显示在窗体视图中顶部或打印页的开头。

窗体主体：用于显示窗体或报表的主要部分，该节通常包含绑定到记录源中字段的控件，但也可能包含未绑定控件，如字段或标签等。

窗体页脚：用于显示窗体的使用说明、命令按钮或接收输入的未绑定控件，显示在窗体视图中的底部和打印页的尾部。

页面页眉：用于在窗体中每页的顶部显示标题、列标题、日期或页码。

页面页脚：用于在窗体和报表中每页的底部显示汇总、日期或页码。

使用设计视图创建窗体默认状态只出现窗体的主体节，可以根据需要添加其他的部分，方法是在右键快捷菜单中选择"页面页眉/页脚"或"窗体页眉/页脚"选项进行添加。

(2) 控件：控件的种类比较多，包括标签、文本框、复选框、列表框、组合框、选项组、命令按钮等，它们在窗体中起不同的作用。控件来自于控件工具箱，各控件功能和使用方法会在后面的章节介绍。

所有的窗体都是由窗体本身和各种控件构成的，窗体是一个容器，可以容纳各种类型的控件。控件构成了窗体的主要内容，是窗体中数据的载体，用来显示、修改、增加、删除数据。使用设计视图创建窗体包括对窗体的创建和控件的创建，其中控件的创建是主要的内容。图 5-16 所示为"订单"窗体的设计视图，其结构由窗体页眉、主体及窗体页脚构成。

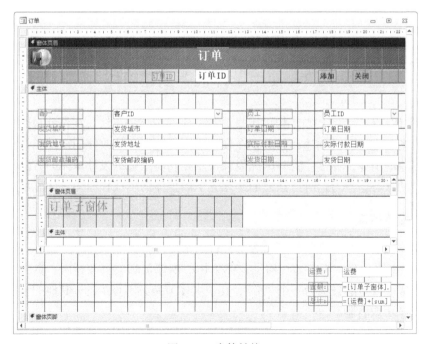

图 5-16　窗体结构

① 窗体页眉节放置了图像、标签、文本框、命令按钮。

② 主体节上部分放置了所有"订单"表的字段,用文本框、组合框控件并附带标签显示数据;下部分用子窗体控件显示"订单子窗体"内容,而"订单子窗体"显示与"订单"表中相关联的"扩展订单明细"查询中的内容;右下角的文本框为计算控件,计算每张订单的金额等信息。

③ 窗体页脚节内容为空。

5.3.2　窗体设计工具

单击"创建"选项卡中的"窗体设计"按钮,Access 自动创建一个空白窗体,可以看见上方功能区的窗体设计工具,如图 5-17(a)所示,也可以看见窗体布局工具,如图 5-17(b)和图 5-17(c)所示。

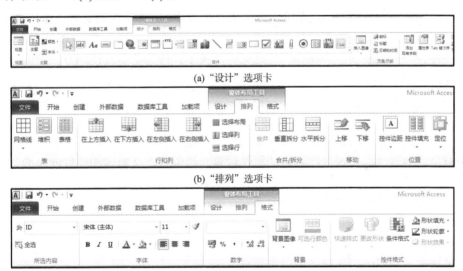

(a)"设计"选项卡

(b)"排列"选项卡

(c)"格式"选项卡

图 5-17　窗体设计工具和布局工具

"设计"选项卡中包含了大部分的设计工具,如工具箱、添加现有字段、属性表,快速插入图像、标题、徽标、日期和时间,以及设置窗体主题、颜色和字体等美化处理。

"排列"选项卡中的大部分功能用在"布局视图"中进行美化设置,如划分出合适的表格以放置所需控件等,控件对齐方式也可用在设计视图中。

"格式"选项卡中的功能用来设置控件的格式,如字体、字号、控件中字体的对齐方式、数字格式、控件的边框和底纹、条件格式等。

下面对几种常见的工具进行仔细说明。

1. 控件工具箱

如图 5-18 所示的控件工具箱，是窗体设计的"命令中心"。控件以图标的形式放在工具箱中，控件构成了窗体的核心。

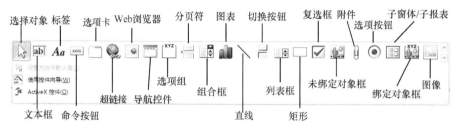

图 5-18　控件工具箱

前面创建的窗体，都是系统快速生成各种控件的，用户没有选择，相对简单，在功能和外观上可能并不满足具体要求。使用设计视图可以自由灵活地创建每一个控件，并且调整功能和属性，使之完善。关于控件的功能及使用方法后面会进行详细介绍。

2. 属性表

每个窗体有自己的属性，窗体里的每个节也有一组属性，窗体里的每个控件也有自己的属性，通过这些对象的属性设置，可以自定义窗体和控件的布局、显示格式以及样式、数据、事件响应等，不同对象可以设置的属性不同。属性设置是创建窗体过程中非常重要的内容。一个窗体的属性可以分为四类，分别是"格式"属性、"数据"属性、"事件"属性和"其他"属性，在"属性表"对话框中分列在四个选项卡上。单击四个属性选项卡中的一个，即可对相应属性赋值或选取属性值。常用的窗体属性有以下几种。

标题：设置窗体标题栏中显示的标题。

默认视图：设置窗体的显示形式，有单一窗体、连续窗体、数据表、数据透视表和数据透视图五个属性值。

滚动条：设置窗体是否具有滚动条，有两者均无、只水平、只垂直和两者都有四个属性值。

记录选择器，导航按钮，分隔线，自动居中：分别设置是否显示记录选择器，是否显示导航按钮，是否显示分隔线，是否显示在桌面的中间。

记录源：设置窗体的数据来源，有三种，即表、查询和 SQL 命令。表和查询是事先设计好的，可以在"属性表"对话框的"数据"选项卡的"记录源"下拉列表中选择，如图 5-19 所示。

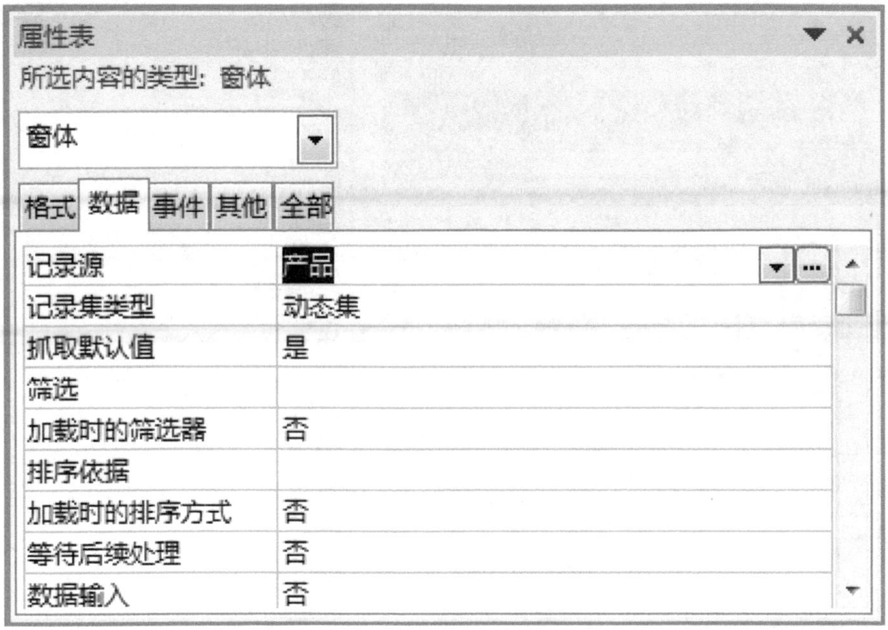

图 5-19　窗体的记录源属性

允许编辑，允许添加，允许删除：设置窗体是否允许修改、添加和删除操作。

数据输入：设置为"是"，则打开的窗体显示一条空记录；设置为"否"，则显示已有记录。

控件也具有"格式""数据""事件""其他"这四类属性："格式"属性是设置控件的显示格式；"数据"属性则是设置该控件操作数据的规则，这些数据必须是绑定在控件上的数据；"事件"属性是为该控件设定响应事件的操作规程，也就是为控件的事件处理方法编程。常用的控件属性有以下几种。

名称：设置控件的名称，一般使用有意义的缩写。

图片：设置控件的背景图片。

可见性，可用性：设置控件是否可见，是否可用。

宽度，高度：分别设置控件的宽度和高度。

前景色，字体名称，字号，字体粗细，倾斜字体，下划线：分别设置控件中的字体颜色、字体名称、字号大小、字体粗细、是否倾斜字体、文字是否有下划线。

图 5-20 所示是"产品"窗体的一个文本框控件的属性，它的名称为"产品名称"，控件来源为"产品"表的"产品名称"字段，是一个绑定字段。

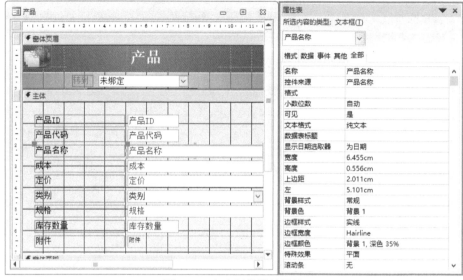

图 5-20　文本框控件的属性

图 5-21　字段列表

3. 字段列表

字段列表中列出了窗体记录源的数据表或查询所包含的所有字段。当窗体未指定记录源时，字段列表为空。如图 5-21 所示的字段列表显示的是记录源为"产品"表的全部字段。

字段列表的作用在于快速生成绑定控件，要在窗体中添加一个字段，只需在设计视图中，将字段列表中的字段拖动到窗体中，即可生成对应该字段的绑定控件，该控件的某些属性继承了表中字段的属性。

5.3.3　控件的使用

1. 控件的类型

根据控件的用途，控件大致分为三种类型。

1) 绑定型控件

为控件指定一个控件来源，如表或查询中的某个字段，可将控件和该字段相结合，控件就可以直接显示记录源中的字段值，还可以在控件中输入或更新数据，更改后的数据将自动保存到记录源表的字段中;若记录源表中的字段值发生变化，窗体中对应控件的值也会发生相应变化，称这类控件为绑定型控件。例如，图 5-20 中的"产品名称"文本框控件就是绑定型控件，它所绑定的是"产品"表的"产品名称"字段。

2) 未绑定型控件

与绑定型控件相比,这类控件没有控件来源的属性,无法指定控件来源,窗体运行时无法向其输入数据,如标签、线条、矩形和图像控件等;或者有控件来源属性而没有设置控件来源,如未设定控件来源的文本框,窗体运行时可以向文本框中输入数据,该数据被保留在缓冲区。

未绑定型控件可用来显示文本,或增强效果、美化窗体等。例如,图 5-20 中的"产品名称"文本框左侧的标签控件就是未绑定型控件。

3) 计算控件

这类控件不使用数据表或查询的一个字段作为控件来源,而使用表达式作为自己的控件来源,表达式由运算符、常数、函数、数据库中的字段、窗体中控件及其属性组成,计算结果为单个值。

例如,图 5-16 的"订单"窗体中,右下角的"金额"文本框控件(名称为 sum),其控件来源为"=[订单子窗体].[Form]![t_sum]",引用了"订单子窗体"中控件 t_sum 的值;"总计"文本框控件,其控件来源为"=[运费]+[sum]",表示将"运费"文本框和 sum 文本框(代表"金额")的值相加。

2. 控件的创建

Access 提供了多种控件,每种控件各有不同的属性,Access 为某些控件提供了控件向导,按照向导所提示的步骤可以更快、更方便地创建控件。要开启控件向导功能,首先要单击控件工具箱下拉列表的"使用控件向导"选项,在创建控件的时候,如"列表框"控件,单击窗体,系统即弹出向导,指引读者一步步完成。

不同的控件有不同的向导,对绑定型控件,需要指定控件来源,对非绑定型控件,根据需要指定控件来源可以使其成为绑定型控件。一般来说,简单的控件无须向导,复杂的控件使用向导可以大大加快工作效率。

控件的中英文名称、常用属性介绍如下,并简单说明控件的创建方法。

1) 标签(Label)

标签控件是非绑定型控件,主要用来显示描述性文字,如标题、字段描述等,不接受输入信息,记录从一条移到另一条时,其值也不变。标签控件没有向导。

标签有两种创建方法,一种是用户自行创建,一种是创建其他控件时附送的,称为附属标签,用来说明对应主控件的名称。

自行创建标签控件时先单击工具箱标签控件,再在窗体中放置标签的位置单击,随后输入标签内容即可。如果有需要,还可以双击打开"属性表"对话框,或者在"格式"选项卡中修改标签的属性,如标签名称、标题、字体、字号、前景色(字体颜色)、背景样式、边框样式、边框颜色、特殊效果、文本对齐等。

2) 文本框(Text)

文本框控件主要用来输入数据，也可显示数据，表中的许多数据类型字段，如文本、数字、日期、货币等，都可以使用文本框来输入数据。此外，用户还可以在文本框中修改数据、删除数据。

文本框的创建方法：先单击工具箱的文本框控件，再在窗体中放置标签的位置单击，Access 弹出创建向导，可在向导中选择文本框的字体、字号、对齐方式，以及确定文本框名称，如图 5-22 所示。文本框创建完之后会附带一个标签，有时要分别设置主控件(文本框)和附属标签的属性。

文本框最重要的属性是"控件来源"，可设置为某字段，成为绑定型控件，窗体运行时显示字段的具体值；也可设置为表达式，成为计算型控件，窗体运行时给出一个计算结果。其他属性有输入掩码、默认值、有效性规则、有效性文本、可用性、是否锁定等。

图 5-22　文本框控件向导

3) 复选框(Check)、选项按钮(Option)、切换按钮(Toggle)

对于"是/否"型数据类型的字段，可以采用这三种控件来输入数据，它们都没有控件向导。三种控件均可表达"是/否"，只是显示效果不一样，用户可以自行选择。三者的创建方法与标签类似，复选框和选项按钮创建完之后会附带一个标签，有时也需要分开设置主控件(选项按钮等)和附属标签的属性。三者最重要的属性是"控件来源"，其他属性有默认值、有效性规则、有效性文本、可用性、是否锁定等。

4) 列表框(List)

列表框用于在输入数据的时候，从若干有限的数据中选择一个或多个数据。它以多行方式显示数据项，显示一列或多列数据。

创建列表框时，Access 提供控件向导，如果不使用向导，手工建立一个列表框，必须输入的一些主要属性有以下几种。

(1) 行来源类型：指定列表中的数据来源类型，有表/查询、值列表和字段列表三种，表/查询最常用。此属性与"行来源"属性一同使用。

(2) 行来源：如果"行来源类型"设定为"表/查询"，则"行来源"属性中指定一个表、查询或 SQL 语句的名称；如果设定为"值列表"，则此属性中输入多个数据项；如果设定为"字段列表"，则此属性中指定表或查询的名称。

5) 组合框(Combo)

组合框由文本框和列表框两部分组成。正常显示时，组合框是带有下拉箭头的文本框，当单击下拉箭头时，它弹出一个列表框，显示所有可用的选项，用户从中选择一项数据，该数据显示在文本框中，也可以在文本框中直接输入文本。

与列表框相比，组合框显示时仅一行数据可见，输入时才弹出下拉列表框，因此所占空间比列表框要小；但组合框不可进行多项选择。

【例 5.2】　在空白窗体中，创建"类别"列表框和"类别"组合框，并进行对比。具体步骤如下：

(1) 单击"创建"选项卡中的"窗体设计"按钮，Access 创建一个空白窗体，并处于设计视图；在控件工具箱中单击列表框控件，在窗体中单击，弹出如图 5-23 所示的"列表框向导"对话框，选择"自行键入所需的值"单选按钮，单击"下一步"按钮。

(2) 如图 5-23(b)所示，在列表中一一输入"类别"的所有内容，单击"下一步"按钮。

(3) 如图 5-23(c)所示，将列表框绑定到"类别"字段，单击"下一步"按钮。

(4) 如图 5-23(d)所示，设定列表框的附属标签的内容(即标题)，完成创建。

(5) 仿照列表框，创建一个组合框，其步骤与图 5-23 一样。

(6) 切换至窗体视图，可看出组合框与列表框仅外在形式不一样，如图 5-24 所示。

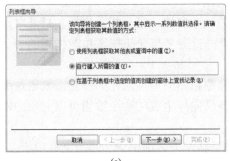
(a)

(b)

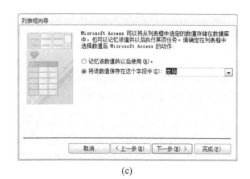
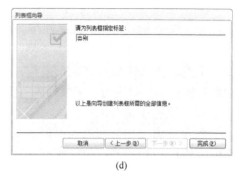

(c)　　　　　　　　　　　　　　　　　(d)

图 5-23　创建"类别"列表框

类别

(a) 列表框　　　　　　(b) 组合框

图 5-24　列表框与组合框

6) 命令按钮(Command)

使用命令按钮可以在当前窗体中打开另一个窗体、打开相关报表、打开对话框、启动其他应用程序(如计算器)等，也可以自定义与导航按钮功能相同的命令按钮。

系统为命令按钮提供控件向导，部分命令按钮的事件属性的设置需要通过编写命令(宏命令、VBA 命令)来实现。通过控件向导生成的命令按钮可以完成的操作类型有以下几种。

(1) 记录导航：查找记录、查找下一项、转至下一项记录、转至上一项记录、转至最后一项记录和转至第一项记录。

(2) 记录操作：保存、删除、复制、打印、撤销和添加记录。

(3) 窗体操作：关闭窗体、刷新、应用筛选、打印窗体、打开窗体、打开页和编辑筛选。

(4) 报表操作：将报表发送至文件、打印报表、邮递报表和报表预览。

(5) 应用程序：运行 Excel、Word，运行和退出应用程序。

(6) 杂项：打印表、自动拨号程序、运行宏和查询。

命令按钮的主要属性有以下几种。

(1) 标题：命令按钮上的提示性信息。

(2) 图片：以直观的图片作为提示性信息。

(3) 单击事件：指单击按钮时所执行的命令序列。

7) 选项组(Frame)

选择性输入可分为"二选一"和"多选一"，对于"二选一"数据可以采用切换按钮、选项按钮或复选框，"多选一"数据可以采用列表框或组合框。此外，选择性输入还可以采用选项组控件，此控件用于"二选一"和"多选一"数据均可。

选项组控件是复合型控件，它本身包含一系列选项，选项组可以由切换按钮、选项按钮或复选框组成。系统为选项组控件提供控件向导。

【例 5.3】 在空白窗体中创建"运货商"选项组，它包含三个选项按钮，标签分别为"统一包裹"、"联邦快运"和"急速快递"。具体步骤如下。

(1) 单击"创建"选项卡中"窗体"功能区的"空白窗体"按钮，切换至设计视图，选择控件工具箱中的"选项组"控件，在窗体中放置控件的位置单击，弹出"选项组向导"对话框。

(2) 如图 5-25(a)所示，确定选项组内部选项的标签，分别为"统一包裹"、"联邦快运"和"急速快递"，单击"下一步"按钮。

(3) 如图 5-25(b)所示，选择默认选项，为"统一包裹"，单击"下一步"按钮。

(4) 如图 5-25(c)所示，为每一个选项赋值，采用默认设置，单击"下一步"按钮。

(5) 如图 5-25(d)所示，选择选项组内部控件的类型为"选项按钮"，样式默认，单击"下一步"按钮。

(6) 如图 5-25(e)所示，指定选项组的标题为"运货商"，完成创建，效果如图 5-25(f)所示。

选项组的属性包括两层：第一层是整个选项组的属性；第二层是其各个组成成分的属性。如例 5.3 中，选项组由选项组框架和附属标签"运货商"组成，第二层属性就是三个选项按钮的属性，而这一组选项按钮也包括三个主控件(选项按钮)和三个附属标签，有时需要为 8 个控件依次修改属性，如名称、标题等。

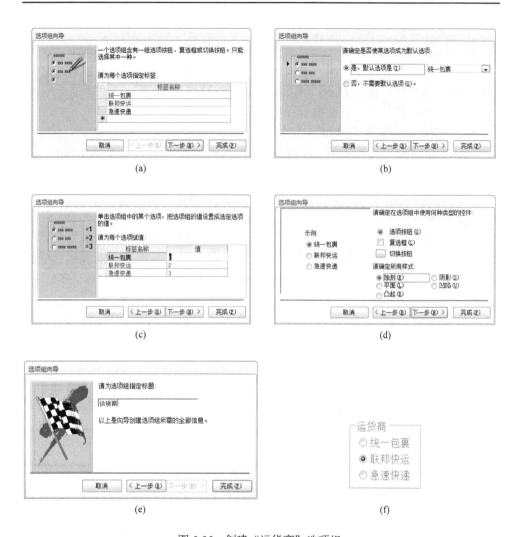

图 5-25　创建"运货商"选项组

8) 选项卡(Page)

使用选项卡控件可以在窗体上显示更多的分类信息，选项卡包含多页，每页显示一类数据，所有页共同占据窗体上的同一块区域，每一页的标题显示信息类别，单击页标题可以在各页之间进行切换，每一页可以容纳其他各种控件。选项卡控件没有控件向导。

初始建立的选项卡默认有两页，在选项卡上右击弹出快捷菜单，可以插入新页或删除页，以及调整页次序。如图 5-1 所示的"员工"窗体，由两个选项卡构成。

9) 未绑定对象框，绑定对象框(OLEBound)

在 Access 中，借助 OLE 技术可以直接处理其他程序所处理的文档，如 Word

文档、Excel 电子表和照片等。

10) 直线(Line)、矩形(Box)、图像(Image)

这三个控件一般主要用作修饰美化窗体。其中直线和矩形没有很重要的属性，图像控件的属性主要有以下几种。

(1) 图片：此属性设置是"(位图)"或图形的路径和文件名。位图文件必须有扩展名.bmp、.jpg、.png、.ico、.gif，也可以使用.wmf 或.emf 格式的图形文件。窗体、报表及图像控件支持所有格式的图形；命令按钮和切换按钮仅支持位图。

(2) 图片缩放模式：包括剪裁、拉伸和缩放三种模式。"剪裁"以图片的实际大小显示，如果图片比对象框大，对图片进行剪裁，只显示对象框大小的部分；如果比对象框小，则采用"平铺"属性解决此问题。"拉伸"将图片沿水平和垂直方向拉伸以填满整个对象框。"缩放"在保持图片长宽比例的基础上，将图片放大或缩小至最大或最小尺寸。

(3) 图片平铺：如果图片比对象框小，指定背景图片是否在整个对象框中平铺。平铺方式由"图片对齐方式"属性指定。

(4) 图片对齐方式：包括左上、右上、居中、左下、右下和窗体中心六种。

11) 超链接、Web 浏览器

使用超链接控件可以在窗体中添加一条超链接，链接到本机上的文档、程序或者网络上的网络资源。使用 Web 浏览器控件可以在网页上画出一定大小的空间，在向导中设置其超链接为一个网址，可将窗体当成浏览器使用。二者在创建时都弹出"插入超链接"对话框，如图 5-26 所示，超链接控件可选的对象更丰富一些。

图 5-26　超链接和 Web 浏览器控件向导

超链接控件的重要属性有超链接地址、标题；Web 浏览器控件的重要属性为控件来源。

图 5-27 显示了在窗体顶部插入一条超链接：显示文字(即标题)为"欢迎访问云南财经大学！"，链接到 http://www.ynufe.edu.cn；下方插入了 Web 浏览器控件，同样链接到 http://www.ynufe.edu.cn。可看出后者能直接在窗体中浏览该网页的具体内容，而不需要打开浏览器，而前者只能单击后启动浏览器，再浏览该网页。

图 5-27　含有超链接和 Web 浏览器的窗体

12) 图表(Graph)

使用此控件可以创建图表类窗体，将在 5.6.3 节详细介绍。

13) 附件(Attachment)

此控件可创建附件型数据类型的字段，重要属性为：控件来源，可绑定到某个附件型数据类型的字段。

14) 导航控件(NavigationButton)

使用该控件可以很方便地创建导航窗体，具体将在 5.6.1 节进行详细介绍。

15) 子窗体/子报表

使用该控件可以创建子窗体/子报表，其使用方法将在 5.3.5 节通过一个例子进行详细介绍。

除去 Access 工具箱提供的常用控件外，Access 也可以使用其他软件供应商所提供的 ActiveX 控件，这样大大提高了 Access 设计窗体和开发数据库应用系统的能力。

ActiveX 控件是由软件供应商开发的可重用的软件组件，使用 ActiveX 控件可以很方便地在应用程序、网页及开发工具中添加特殊的功能，如动画控件可用来添加动画特性、日历控件可用来添加日历等。

用户在使用 ActiveX 控件时，无须知道它们是怎么开发出来的，只要对其进行属性设置、知道其功能以及如何使用即可。

5.3.4　修饰窗体

在设计窗体时，无论通过向导创建还是通过设计视图创建，都需要对窗体进行调整和修改，因此涉及设置控件的布局、大小、颜色、字体、背景、对齐方式、Tab 键次序的更改以及控件的删除以及属性更改等操作。

1. 控件的选择和删除

单击控件即选择一个控件，选中后的控件框周围出现 8 个控制点，其中左上角的控制点用来移动，其他 7 个控制点用来调整大小。如果控件有附属标签，选择此控件的同时也选中了附属标签，此时附属标签的左上角只出现一个移动控点，如图 5-28 所示。

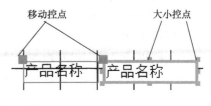

图 5-28　控制点

如果要选择多个控件，则按住 Shift 键或 Ctrl 键的同时单击想选择的控件，或拖动鼠标来选中。要删除控件，首先选中此控件，按 Delete 键即可删除，若要恢复刚被删除的控件，按下 Ctrl+Z 组合键即可。

2. 单个控件的位置和大小调整

选中一个控件，移动光标至控件的左上角，光标变为四方小箭头符号，单击并拖动，可调整控件的位置。对于有附属标签的控件来说，如文本框，分别按住文本框和附属标签的移动控点可以实现单独移动；使用键盘的箭头键也可移动，同时按住 Ctrl 键和箭头可以微调，但都只能将文本框和附属标签整体移动。

通过布局工具中"排列"选项卡的"对齐"功能可以方便地调整控件位置，在"大小控点"功能中选择"对齐网格"选项，则在调整控件位置时，系统只允许将控件或控件边界从一个网格点移动到另一个网格点。

使用 7 个大小控点可以调整控件的大小。移动光标至某一大小控点，光标变为双箭头符号时，拖动鼠标即可改变控件大小。

3. 多个控件的相对位置和大小调整

可以在布局工具中"排列"选项卡的"大小控点"和"对齐"功能中设置多个控件之间的相互关系，这些关系包括：对齐、大小、水平间距和垂直间距。

多个控件之间的对齐方式有靠左、靠右、靠上、靠下和对齐网格；多个控件之间的大小关系有正好容纳、对齐网格、至最高、至最低、至最宽、至最窄；水平间距和垂直间距包括相同、增加和减少。

调整好多个控件之后，为了防止误改其相对关系，可以将其作为一个整体，通过"大小控点"中的组合选项可达到此目的。

4. Tab 键次序

窗体运行时，按 Tab 键或回车键，光标将从一个控件移至另一个控件。窗体上控件的 Tab 键顺序可以重新定义，此项功能通过设计工具中"设计"选项卡的"Tab 键次序"选项完成。

5. 应用主题

可使用 Access 自带的主题为窗体进行美化，如 Office 主题、"波折"主题等，每个主题包含一套配色方案和字体；也可以分别设置不同的颜色和字体。该功能可在窗体设计工具的"设计"选项卡中找到，如图 5-29 所示。

6. 插入徽标、标题、日期和时间

在窗体设计工具的"设计"选项卡中可以快速插入这三个特定对象。为窗体插入徽标，Access 自动添加一个图像控件，指定好图片后，徽标将显示在窗体页眉的左上角，图像控件大小、缩放模式和位置都是固定的；也可插入标题，Access 自动在窗体页眉插入一个标签，只需输入标题内容即可；插入日期和时间，会弹出图 5-30 所示的对话框，选定所要的格式和内容，即在窗体页眉处显示，本质上是文本框。还可以根据需要，调整它们的属性。图 5-31 显示了在空白窗体中插入这三个对象并应用了"沉稳"主题的设计视图和窗体视图。

图 5-29　应用主题

图 5-30　插入日期和时间

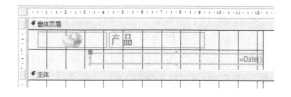

图 5-31 插入徽标、标题、日期和时间

5.3.5 设计窗体示例

下面通过实例来了解设计视图下修饰窗体、创建各类控件和窗体的方法。

【例 5.4】 使用设计视图将例 5.1 创建的"产品"窗体修饰美化。

本例介绍创建组合框、图像控件的方法，窗体属性、控件属性的设置等，效果如图 5-32 所示。具体步骤如下。

(1) 右击"产品"窗体，在弹出的快捷菜单中选择"设计视图"选项；打开窗体"属性表"对话框，设置窗体的图片为 background.png，图片对齐方式为"左上"，图片缩放模式为"水平拉伸"；主体节的背景色为"#E7E7E2"。

(2) 设置窗体页眉节中的标题"产品"标签，字号为 20、加粗，字体颜色(前景色)为白色，调整到窗体页眉节的中间位置。

(3) 在窗体页眉节左端插入图像"产品.jpg"，属性采用默认值。

图 5-32 修饰前、后的"产品"窗体

(4) 在窗体页眉节插入组合框：选择控件工具箱的"组合框"控件，在窗体页眉节划出一个小区域，在弹出的"组合框向导"对话框中依次按图 5-33 所示的步骤操作。

图 5-33(a)：选择组合框数值的来源为"使用组合框获取其他表或查询中的值"，单击"下一步"按钮。

图 5-33(b)：组合框数值来源于"产品"表，单击"下一步"按钮。

图 5-33(c)：选择可用字段为"产品 ID""产品代码""产品名称"，单击"下一步"按钮。

图 5-33(d)：选择列表排序依据为"产品 ID"，单击"下一步"按钮。

图 5-33(e)：调整列表宽度，取消选择"隐藏键列"复选框，单击"下一步"按钮。

图 5-33(f)：选择可用字段为"产品 ID"，单击"下一步"按钮。

图 5-33(g)：选择记忆该数值，而不是生成绑定字段，单击"下一步"按钮。

图 5-33(h)：设定组合框标签的内容为"转到"，单击"完成"按钮。

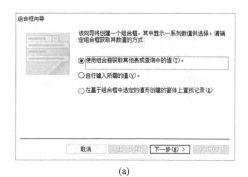

(a)

(b)

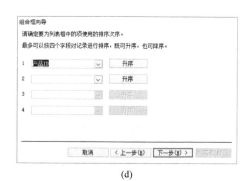

(c)

(d)

(e)

(f)

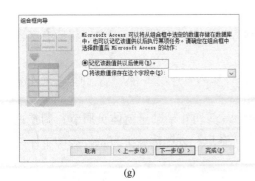
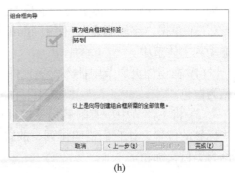

(g)   (h)

图 5-33　插入组合框

(5) 双击打开组合框的属性表,设置其名称为 p_name,"更新后"事件属性为:产品跳转(这是一个宏,可以根据组合框选择的内容将当前窗体根据"产品 ID"进行筛选,相关宏的设计将在第 6 章介绍)。

完成后的效果图如图 5-34 所示,可以显示全部"产品"表的数据,也可以根据组合框的选择,筛选出对应的一条产品记录。

图 5-34　"产品"窗体

【例 5.5】　使用设计视图创建"客户"窗体。

本例介绍使用"字段列表"创建绑定型控件的方法,创建标签控件、设置窗体属性的方法。具体步骤如下。

(1) 单击"创建"选项卡"窗体"功能区的"窗体设计"按钮,Access 打开一个空白窗体并处于设计视图中,只有主体节;在主体节空白处右击,在弹出的快捷菜单中选择"窗体页眉/页脚"选项,将窗体页眉/页脚显示出来,设置窗体页脚节高度为 0。

(2) 打开窗体"属性表"对话框,设置"记录源"为"客户"表;默认视图为"连续窗体",图片为 background.png,图片对齐方式为"左上",图片缩放模式为"水平拉伸";主体节的背景色为"#E7E7E2"。

(3) 单击"字段列表",使用 Shift 键将列表中的字段全部选中,将所有字段拖动到主体节中。

(4) 在窗体页眉节中插入标签控件,其标题为"客户",20 号、加粗,字体颜色为白色。

(5) 将主体节中所有附属标签控件选中,剪切并粘贴至窗体页眉节;调整这些标签的位置,让它们横向排列,放置在"客户"标题标签下方;标签的字体颜色为黑色,加粗。

(6) 将主体节中所有文本框控件横向排列,并适当调整其宽度;调整窗体页眉节的标签与主体节的对应文本框在竖直方向上一一对齐;完整的设计视图如图 5-35 所示。

保存窗体为"客户",窗体效果图如图 5-36 所示。

图 5-35 "客户"窗体设计视图

图 5-36 "客户"窗体效果图

【例 5.6】 使用设计视图创建"登录"窗体。

本例介绍创建图像控件、文本框控件、命令按钮控件的方法。具体步骤如下。

(1) 单击"创建"选项卡中"窗体"功能区的"窗体设计"按钮,Access 创建一个只有主体节的空白窗体,并处于设计视图中。

(2) 单击窗体设计工具栏的"插入图像"按钮,选择"浏览"选项,在弹出的对话框中选择图片 LOGO.jpg，在主体节中拖动鼠标划分出约 3.3cm×3.3cm 的区域放置该图片。

(3) 从控件工具箱中选择"标签"控件，放置在主体节，输入标签标题为"欢迎使用商贸销售系统"，字体为华文新魏，字号为 26 号，前景色为"#5F497A"。

(4) 从控件工具箱中选择"文本框"控件，放置在主体节，名称为 user，用于输入用户名；再次创建名称为 password 的文本框，用于输入密码。

(5) 将上一步创建的两个文本框的附属标签的标题依次改为"用户名:"和"密码:"，并将 password 文本框的"输入掩码"属性设置为"密码"。

(6) 从控件工具箱中选择"命令按钮"，放置在主体节靠下方，在弹出的对话框中，单击"取消"按钮；重复一次上述过程，再创建一个命令按钮；将它们的名称依次设为 OK 和 Cancel，标题依次为"确定"和"取消"。

(7) 打开窗体"属性表"对话框，设置"图片"为 Startup.jpg，图片缩放模式为"拉伸"；边框样式为"对话框边框"，记录选择器为"否"，导航按钮为"否"，保存窗体。

完成的设计视图和窗体视图如图 5-37 所示。

图 5-37　"登录"窗体的设计视图及窗体视图

【例 5.7】　使用设计视图创建"员工"窗体。

本例介绍创建选项卡控件、子窗体控件的方法。具体步骤如下。

(1) 单击"创建"选项卡中"窗体"功能区的"窗体设计"按钮，Access 打开一个空白窗体并处于设计视图中，只有主体节；在主体节空白处右击，在弹出的快捷菜单中选择"窗体页眉/页脚"选项，将窗体页眉/页脚显示出来，并设置窗体页脚节高度为 0。

(2) 打开窗体"属性表"对话框，设置"记录源"为"员工"表。

(3) 从控件工具箱中选择"选项卡"控件，放置在主体节中，默认有"页 1"和"页 2"两页选项卡；设置它们的标题分别为：员工个人信息、接洽订单信息。

(4) 从字段列表中拖动"姓名"字段到窗体页眉节，将生成文本框控件显示

"姓名"字段的值,成为绑定型控件;将其附属标签删除,文本框属性设置为:前景色为白色(#FFFFFF),字号为20,加粗,背景样式为透明,边框样式为透明。

(5) 切换到"员工个人信息"选项卡,从字段列表中拖动除了"姓名"字段以外的其他字段(可用 Ctrl 键选中)到选项卡中,将生成文本框、组合框控件显示字段的值;调整所有控件的位置,使它们排列整齐,间距合适(可使用窗体设计工具中"排列"选项卡中的"大小控点"和"对齐"功能来完成);设计视图如图 5-38 所示。

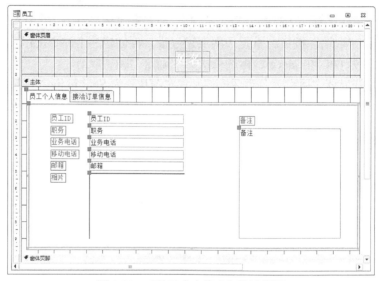

图 5-38   "员工个人信息"设计视图

(6) 切换到"接洽订单信息"选项卡,从控件工具箱中选择"子窗体/子报表"控件,放置在选项卡中,在弹出的"子窗体向导"对话框中,按照图 5-39 所示进行设置,可将"订单"表中同一位员工接洽订单的关联数据显示出来。

图 5-39(a):选择子窗体的数据来源于表或查询,单击"下一步"按钮。

图 5-39(b):选择子窗体的记录源为"订单"表中除了"员工 ID"以外的其他所有字段,单击"下一步"按钮。

图 5-39(c):选择并确认主/子窗体的链接字段为"订单 ID",单击"下一步"按钮。

图 5-39(d):确定子窗体的名称为"员工子窗体",单击"完成"按钮。

(7) 在设计视图中,删除"员工子窗体"控件的附属标签,调整其大小和位置,设计视图如图 5-40 所示。

(8) 打开窗体"属性表"对话框,设置窗体的图片为 background.png,图片对齐方式为"左上",图片缩放模式为"水平拉伸"以及主体节的背景色为"#E7E7E2"。

保存窗体。

完成后的效果图如图 5-41 所示。

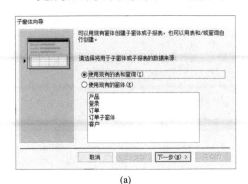

(a)

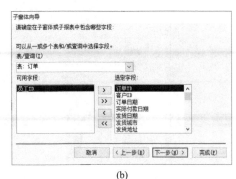

(b)

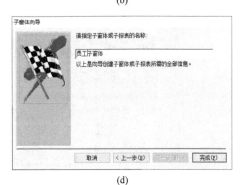

(c)

(d)

图 5-39　创建"员工子窗体"

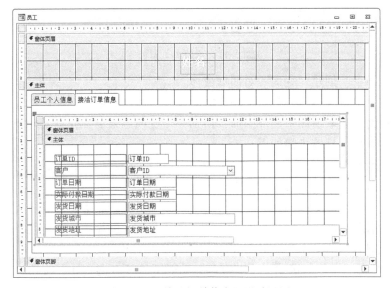

图 5-40　"接洽订单信息"设计视图

图 5-41　"员工"窗体

【例 5.8】　创建"查询"对话框窗体。

本例介绍将窗体与参数查询相关联的设计，通过在窗体的控件中输入查询条件，在查询中获取窗体中控件的值，得到一个查询结果，并介绍带功能的命令按钮的创建方法。具体步骤如下。

(1) 单击"创建"选项卡"窗体"功能区中的"窗体设计"按钮，Access 打开一个空白窗体并处于设计视图中，只有主体节。

(2) 从控件工具箱中选择"文本框"控件，放置在主体节，按照文本框向导的提示，依次创建名称为"产品 ID"和"产品名称"的文本框，它们的附属标签的标题分别为"请输入产品 ID"和"请输入产品名称"。

(3) 单击"创建"选项卡中"查询"功能区的"查询设计"按钮，进入新查询的设计视图，添加"产品"表为数据源；将所有字段一一添加进下方的设计窗格；在"产品 ID"字段下的"条件"单元格中输入"[Forms]![查询]![产品 ID]"，或者右击，在弹出的快捷菜单中选择"生成器"选项，在"表达式生成器"对话框中，按图 5-42 所示选择；保存查询为"按产品 ID 查询"；这是一个参数查询，以"查询"窗体中用户输入的"产品 ID"文本框中的值为查询条件进行精确查询。

图 5-42 "按产品 ID 查询"设计视图

(4) 仿照第(3)步的方法，创建"按产品名称查询"的查询，在"产品名称"字段下的"条件"单元格中输入"Like "*" & [Forms]![查询]![产品名称] & "*""，或者在"产品名称"列的"条件"单元格中右击，在弹出的快捷菜单中选择"生成器"选项，在"表达式生成器"对话框中，按图 5-43 所示选择；这也是一个参数查询，以"查询"窗体中用户输入的"产品名称"文本框中的值为查询条件进行模糊查询，可将"产品名称"字段中包含用户输入的值的数据都显示出来。

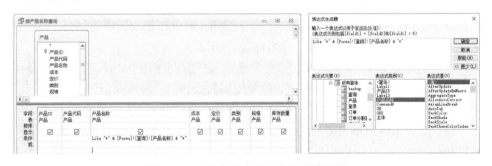

图 5-43 "按产品名称查询"设计视图

(5) 返回"查询"窗体的设计视图，从控件工具箱中选择"命令按钮"，放置在文本框"产品 ID"右侧，在弹出的"命令按钮向导"对话框中，根据图 5-44 所示进行设置。

图 5-44(a)：选择命令按钮的操作为"杂项"类别中的"运行查询"，单击"下一步"按钮。

图 5-44(b)：选择运行的查询为"按产品 ID 查询"，单击"下一步"按钮。

图 5-44(c)：确定命令按钮上显示文本为"确定"，单击"下一步"按钮。

图 5-44(d)：确定命令按钮的名称为"OK1"，单击"完成"按钮。

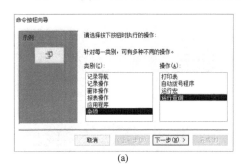
(a)

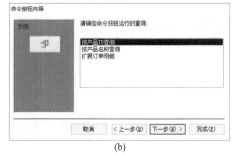
(b)

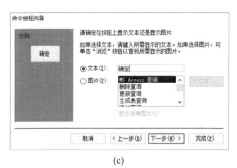
(c)

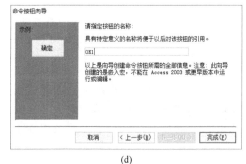
(d)

图 5-44　创建命令按钮

(6) 从控件工具箱中选择"命令按钮"，放置在文本框"产品名称"右侧，仿照图 5-44 所示的对话框，再创建一个命令按钮；命令按钮的操作为运行"按产品名称查询"，显示文本为"确定"，名称为"OK2"。

(7) 再次从控件工具箱中选择"命令按钮"，放置在主体节中下部，仿照图 5-44 的对话框，创建"关闭"命令按钮；命令按钮的操作为"窗体操作"类别中的"关闭窗体"，显示文本为"关闭"，名称为"Close"。

(8) 设置主体节的背景色为"#E7E7E2"；设置窗体属性，记录选择器为"否"，导航按钮为"否"，保存窗体为"查询"。完整的设计视图和窗体视图如图 5-45 所示。

如图 5-46 所示，在"输入产品 ID 查询"文本框中输入 1001，单击"确定"按钮，将打开查询"按产品 ID 查询"，并显示相关的一条记录；在"输入产品名称查询"文本框中输入"酱"，单击"确定"按钮，将打开查询"按产品名称查询"，并显示产品名称中含有"酱"的 4 条记录。

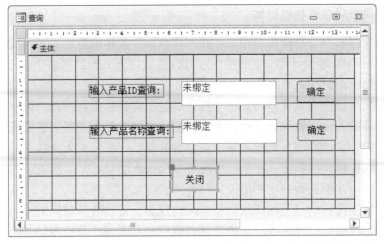

图 5-45 "查询" 窗体的设计视图和窗体视图

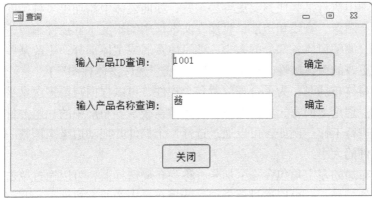

图 5-46 根据输入的参数分别运行查询的结果

5.3.6　使用布局视图创建窗体

布局视图和设计视图都是用来创建和修改设计窗体的窗口，布局视图工作方式类似于 HTML 表设计器，它将控件及其标签放在列和行的网格中。与设计视图相比，布局视图更注重外观。

在布局视图中查看窗体时，每个控件都显示真实数据。因此，该视图非常适合设置控件的大小或者执行其他许多影响窗体的视觉外观和可用性的任务，在布局视图下设计窗体有很直观的效果。需注意的是，一些任务无法在布局视图中执行，需要切换到设计视图。在某些情况下，Access 会显示一条消息，指出必须切换到设计视图才能进行特定的更改。

设计视图提供的是更加详细的窗体结构视图，可以查看窗体的页眉、主体和页脚部分。在进行设计更改时无法看到基础数据；不过，与在布局视图中相比，在设计视图中执行某些任务要更容易一些，如向窗体中添加更多种类的控件，例如，标签、图像、直线和矩形；直接在文本框中编辑文本框控件来源，而无须使用属性表；调整窗体各部分的大小，如窗体页眉或主体部分；更改某些无法在布局视图中更改的窗体属性(如"默认视图"或"允许窗体视图")。

在为窗体布局时，为了合理放置各个控件，可以根据需要多次水平和垂直拆分列和行。理论上而言，可以向下拆分到像素级别。布局中的一组控件通常作为一个实体进行工作。例如，可以通过选择一个控件并拖动边缘来调整一行或一列中所有控件的大小。

每个布局的左上角包含一个加号，称为布局选择器，可以通过单击任何控件或标签看到加号；还可以通过单击加号选择布局中的所有控件。一些窗体包含多个布局，因此单击加号也是区分窗体中各个布局的便捷方式。布局视图中常用的操作有以下几种。

1. 调整元素大小和设置元素格式

(1) 在控件堆叠在一起的主体窗体中，单击第一个或顶部标签，按 Shift 键，然后单击该列中的最后一个标签，这样将选择该列中的所有标签；单击所选元素的一个边缘并拖动以调整其大小。

(2) 仍然选中元素，转到"格式"选项卡，在"字体"组中应用格式，例如，单击"文本右对齐"按钮。

2. 删除、移动元素和合并单元格

(1) 单击某个元素(如控件的标签)，然后按 Delete 键，单元格仍然存在，但里面没有内容。

(2) 将某个元素(如控件)拖动到布局中的另一个单元格中,或者拖动到布局的边缘或角落。注意:如果将元素放在布局的边缘或角落,Access 会向布局添加一个新列和一组行。列数取决于移动的元素的数量。如果移动标签和控件,Access 将为每个标签和控件添加一列。

(3) 按住 Ctrl 键,并单击要合并的单元格,在功能区上,单击"排列"选项卡,在"合并/拆分"组中单击"合并"按钮。

3. 拆分元素

(1) 单击某个元素(例如,控件、标签或空白单元格),在"排列"选项卡上的"合并/拆分"组中单击"水平拆分"或"垂直拆分"按钮。

(2) 新单元格出现在现有单元格或所选元素的右侧或下方,新的单元格为空。要注意区分单元格和控件,单元格使用虚线边框,而控件使用实心边框。

布局视图下创建窗体与设计视图有很大的不同,读者可以自行探索。

5.4 创建主/子窗体

使用窗体工具、向导和设计视图所建的很多窗体,它们的特点是一个窗体一般只能有一个记录源,如果可在同一个窗体中显示多个表的内容,如显示某订单的信息,同时显示属于该订单的所有产品,这样来自多个表的数据可以通过子窗体技术同时显示在一个窗体中。

主/子窗体技术的原理是在一个窗体中嵌入其他窗体,基本窗体称为主窗体,被嵌入的窗体是子窗体,主窗体是子窗体的容器。两个窗体的记录源之间要有一对多的联系,一般来说主窗体的记录源为"一"的一方,子窗体的记录源为"多"的一方。

主/子窗体可以通过四种方法创建。

(1) 使用窗体工具快速创建。确保要创建的主、子窗体的记录源为两个相关表;选中其中"一"端的数据表后,单击"创建"选项卡,在"窗体"功能区单击"窗体"按钮,Access 自动创建带有子窗体的窗体,子窗体的记录源即为"多"端的数据表;如果这个表有不止一个关联的一对多关系的表,则 Access 不会自动添加子窗体。这种方法已在 5.2.1 节做过介绍。

(2) 使用窗体向导创建。同样要确保要创建的主、子窗体的记录源为两个相关表,不能用查询作为记录源;使用窗体向导,一次性选择主窗体所用数据表的字段以及子窗体所用数据表的字段,向导将提示用户是否要创建主/子窗体,并确定子窗体的布局方式,以及主窗体和子窗体的标题。

(3) 使用子窗体控件。先建好主窗体，然后单击工具箱的子窗体控件，在窗体中放置子窗体的位置单击，Access 弹出对话框，根据提示创建子窗体即可；也可以先将子窗体建好，在对话框中添加已经建好的子窗体。这种方法已在 5.3.5 节做过介绍。

(4) 拖动法。将主窗体和子窗体分别建好，然后进入主窗体的设计视图，在窗体对象中将子窗体直接拖动到主窗体中，并在子窗体的属性表中设置主、子窗体之间的链接字段即可。

下面分别用第 2 种和第 4 种方法，用两个例子具体说明如何创建主/子窗体。

【例 5.9】 用窗体向导创建"客户及订单窗体"。

使用窗体向导创建主/子窗体，主窗体记录源为"客户"表，子窗体记录源为"订单"表。具体步骤如下。

(1) 单击"创建"选项卡中"窗体"功能区的"窗体向导"按钮，在弹出的对话框中创建子窗体。

图 5-47(a)：选择主窗体记录源为"客户"数据表的全部字段。

图 5-47(b)：选择子窗体记录源为"订单"数据表的部分字段，单击"下一步"按钮。

图 5-47(c)：确定要创建含子窗体的窗体，单击"下一步"按钮。

图 5-47(d)：选择子窗体的布局为"数据表"，单击"下一步"按钮。

图 5-47(e)：确定主窗体标题为"客户及订单窗体"，子窗体的标题为"客户子窗体"，单击"完成"按钮。

(2) 进入设计视图，适当调整主窗体控件的布局，以及子窗体控件的大小，完成后的窗体效果图如图 5-47(f)所示。

【例 5.10】 用拖动法创建"订单"窗体。

使用窗体向导分别创建主窗体和子窗体，再将子窗体拖动到主窗体中。具体步骤如下。

(1) 建立"订单"主窗体：单击"创建"选项卡中"窗体"功能区的"窗体

(a)   (b)

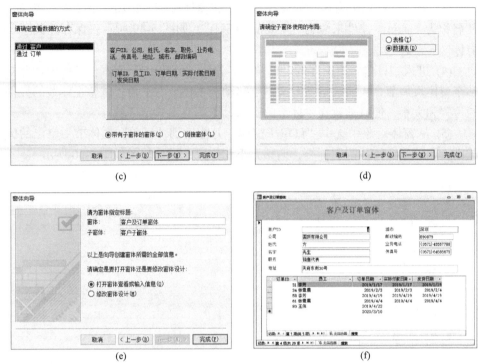

图 5-47　使用窗体向导创建主/子窗体

向导"按钮，在弹出的对话框中，依次选择"订单"表的全部字段，布局方式为纵栏式，窗体标题为"订单"；完成后的初步主窗体如图 5-48(a)所示。

(2) 建立"订单子窗体"：单击"创建"选项卡中"窗体"功能区的"窗体向导"按钮，在弹出的对话框中，依次选择"扩展订单明细"查询的部分字段，布局方式为"数据表"，窗体标题为"订单子窗体"；完成后的初步子窗体如图 5-48(b)所示。

(a)

(b)

图 5-48　"订单"主窗体和"订单子窗体"

(3) 进入"订单子窗体"的设计视图，在窗体页脚节添加一个文本框控件，其名称为 t_sum，控件来源为"=Sum([金额])"，如图 5-49 所示；保存并关闭子窗体。

(4) 进入"订单"主窗体的设计视图，先将"订单 ID"文本框控件剪切并粘贴至窗体页眉节，再将"运费"文本框移动至主体节右下角；调整主体节的控件的位置和大小，使其放置在主体节的上部，下部空出一定区域。

(5) 从窗体对象中选中"订单子窗体"并拖动到"订单"主体节中空出的区域中；删除子窗体的附属标签，调整大小和位置；设计视图如图 5-50 所示。

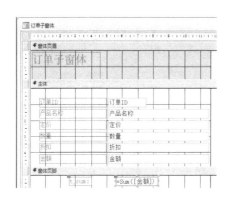

图 5-49　创建计算控件　　　　　　图 5-50　拖动子窗体到主窗体

(6) 从控件工具箱中选择文本框控件，放置在"运费"文本框下方，设置其名称为 sum，控件来源为"=[订单子窗体].[Form]![t_sum]"，其附属标签的标题为"金额:"。

(7) 再次创建一个文本框控件，放置在 sum 文本框下方，设置其名称为"总计"，控件来源为"=[运费]+[金额]"；其附属标签标题为"总计:"，调整三个文本框的位置和间距，使其协调。

(8) 从控件工具箱中选择"命令按钮"，放置在窗体页眉节右部，根据向导，设置其功能为"添加新记录"，标题为"添加"，名称为 add。

(9) 再添加另一个命令按钮，放置在"添加"按钮右侧；其功能为"关闭窗体"，标题为"关闭"，名称为 close；两个按钮的属性设置为：背景样式为"透明"，边框样式为"透明"，前景色为"黑色"，加粗。

(10) 设置"订单 ID"文本框的字号为 14、加粗；插入徽标"订单.png"，放置在窗体页眉节最左端；设置窗体属性，图片为 background.png，图片对齐方式为"左上"，图片缩放模式为"水平拉伸"；主体节的背景色为"#E7E7E2"。保存窗体。

完成后的设计视图和窗体视图如图 5-51 所示。

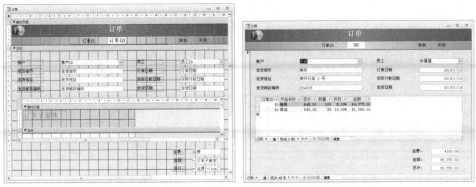

图 5-51　"订单"窗体的设计视图及窗体视图

5.5　创建导航窗体

一个好的数据库应用系统不仅仅只有一系列单独的窗体，而是将它们组织起来，通过一个具体的对象来管理，如导航按钮或功能菜单，而且最好能将导航窗体设为自动启动。下面将具体介绍导航窗体的创建方法，以及如何设置默认启动窗体。

5.5.1　创建导航窗体的方法

之前创建的窗体都是一个个独立的窗体，我们需要将这些窗体集成在一个主窗体中供用户选择和切换，这个主窗体就称为导航窗体或切换面板窗体。使用导航窗体工具或导航按钮控件可以快速创建导航窗体。

创建此类窗体的前提是，已经建好了若干个窗体或报表，将所需要的几个窗体/报表集成在导航窗体中，单击对应的导航按钮进行切换。

如图 5-52 所示的导航窗体工具，列出了导航窗体的布局，共有 6 种。下面举例说明使用导航窗体工具创建导航窗体的方法。

【例 5.11】　创建如图 5-53 所示的导航窗体。

具体步骤如下。

(1) 在"创建"选项卡的"窗体"功能区中，单击"导航"按钮，然后单击要使用的布局，此处选择第 2 项"垂直标签，左侧"。

(2) 将窗体对象区的"产品"窗体选中并拖动到导航窗体上的"新增"框，拖动条显示了窗体或报表的位置。

(3) 仿照第(2)步拖动"订单"窗体、"客户"窗体、"员工"窗体、"查询"窗体和"各类别金额统计"窗体到导航窗体上的"新增"框。

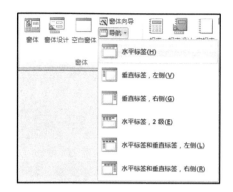

图 5-52　"窗体"功能区的导航窗体布局　　　　图 5-53　导航窗体

(4) 因为各个窗体的大小不等,调整控件和窗口大小,使所有窗体完整显示。

(5) 保存窗体。

需要说明的是,后面在第 6 章学习了"报表设计"之后,创建报表后,重新进入该导航窗体的布局视图,也可以将报表添加至导航窗体中。

5.5.2　设置默认启动窗体

在许多数据库中,如果在每次打开数据库时都能自动打开同一个窗体,如"登录"或"导航窗体"等,将会很有用。若要设置默认启动窗体,可以在"Access 选项"对话框中指定该窗体。

【例 5.12】　将"登录"窗体设置为启动窗体。

具体步骤如下。

(1) 单击"文件"选项卡转到 Backstage 视图,然后选择"选项"选项以启动"Access 选项"对话框。

(2) 选择"当前数据库"选项,然后打开"显示窗体"列表,选择希望在启动数据库时显示的窗体,此处选择"登录"窗体,如图 5-54 所示。

(3) 单击"确定"按钮以关闭该对话框,然后再次单击"确定"按钮以关闭有关重新启动数据库的消息。

(4) 单击"文件"选项卡,然后单击"关闭数据库"按钮。

(5) 在 Backstage 视图最近使用过的文件列表中,单击刚才关闭的数据库。当数据库启动时,"登录"窗体便会加载。

此外,打开多个数据库对象时,默认它们以选项卡方式显示;若想每个对象都单独在窗口中显示,可选择"重叠窗口"单选按钮。

图 5-54 设置自动启动窗体

5.6 创建图表类窗体

本节将介绍图表类窗体的创建方法,包括数据透视表窗体、数据透视图窗体、图表窗体,前面两种使用"窗体工具",后一种使用图表控件。

5.6.1 创建数据透视表窗体

数据透视表窗体是以指定数据表或查询为数据源产生一个 Excel 分析表而建立的窗体形式。数据透视表窗体允许用户对表格内的数据进行操作;用户也可以改变数据透视表的布局,以满足不同数据分析的要求。

数据透视表窗体使用户可以通过排序、筛选、概括和数据透视来分析信息,是比交叉表查询功能更强大的数学分析工具。在数据透视表视图中,可以通过拖动字段和数据项,或通过显示和隐藏字段,来查看不同级别的详细信息或指定布局,可以按汇总和总计两种方法对数据进行汇总。

【例 5.13】 以"订单摘要"查询为数据源创建数据透视表窗体,对各个员工统计其负责的订单数量及订单总金额,以订单日期为筛选条件。

具体操作步骤如下。

(1) 选择查询对象中的"订单摘要"查询;在"创建"选项卡的"窗体"功

能区，单击"其他窗体"按钮，在下拉列表中选择"数据透视表"选项，Access将自动创建一个空白透视表窗体。

(2) 按图 5-55 从字段列表中为透视分析选择字段，其中拖动"员工 ID"字段到左侧区域，作为行字段；拖动"订单日期"到筛选区域；拖动"订单 ID"字段到中间数据区域并右击，在弹出的快捷菜单中选择"自动计算"的"计数"选项；再拖动"订单汇总"字段到中间数据区域，放在"订单 ID"数据区的右侧，在数据区域右击，在弹出的快捷菜单中选择"自动计算"的"合计"选项。

(3) 单击行字段的减号"–"，隐藏详细数据，只查看汇总结果。完成后的数据透视表窗体如图 5-55 所示；根据需要还可以通过拖动字段来更改透视表的布局。

图 5-55　数据透视表窗体

5.6.2　创建数据透视图窗体

数据透视图的功能和创建方法与数据透视表相似，这里举例说明其创建步骤。

【例 5.14】　以"订单摘要"查询为数据源创建数据透视图窗体，对各个员工统计其负责的订单总金额，以订单日期为筛选条件。

具体操作步骤如下。

(1) 选择查询对象中的"订单摘要"查询；在"创建"选项卡的"窗体"功能区，单击"其他窗体"按钮，在下拉列表中选择"数据透视图"选项，Access将自动创建一个空白透视图窗体。

(2) 拖动"员工 ID"字段到下方的"分类字段"区域；拖动"订单日期"到筛选字段区域；再拖动"订单汇总"字段到图标区顶部的数据字段区域。

完成后的数据透视图窗体如图 5-56 所示；根据需要还可以通过拖动字段来更改透视图的布局。

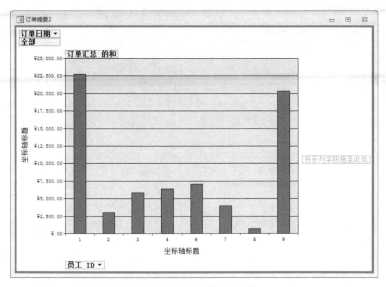

图 5-56　数据透视图窗体

5.6.3　创建图表窗体

使用控件工具箱的"图表"控件可以在控件向导的帮助下，快速创建图表窗体，数据及其分析结果将以柱形图、折线图、饼状图等 Excel 图表显示出来。下面举例说明创建图表窗体的方法。

【例 5.15】　以"扩展订单明细"查询为数据源创建图表窗体，对各类别的产品的总销售额进行统计，图形为柱形图。

具体操作步骤如下。

(1) 在"创建"选项卡的"窗体"功能区，单击"窗体设计"按钮，Access 将自动创建一个空白窗体，并处于设计视图；右击，在弹出的快捷菜单中选择"窗体页眉/页脚"选项，将窗体页眉、页脚节显示出来；在窗体页眉中添加标签控件，其标题为"各类别金额统计"，前景色为白色，22 号，设置窗体页脚节高度为 0。

(2) 单击工具箱的"图表"控件，在窗体主体节单击，Access 弹出"图表向导"对话框；按图 5-57 所示进行设置。

图 5-57(a)：指定窗体的记录源为"扩展订单明细"查询。

图 5-57(b)：选择图表所需字段为"类别"和"金额"。

图 5-57(c)：选择图表类型为柱形图。

图 5-57(d)：确定图表布局，此处采用默认设置。

图 5-57(e)：指定窗体标题为"各类别金额统计"，完成设置。

(a)

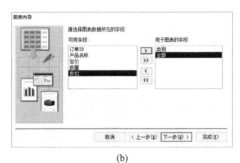

(b)

(c)

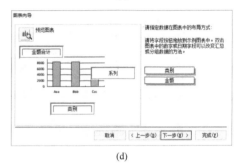

(d)

(e)

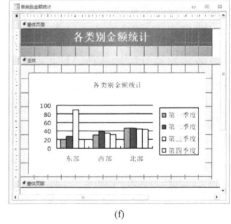

(f)

图 5-57　创建图表控件

(3) 设置窗体属性：图片为 background.png，图片对齐方式为"左上"，图片缩放模式为"水平拉伸"，记录选择器为"否"，导航按钮为"否"；主体节的背景色为"#E7E7E2"；完成后的设计视图如图 5-57(f)所示，此时尚无法获得直观结果；

切换到窗体视图如图 5-58(a)所示，保存窗体为"各类别金额统计"。

需要说明的是，此时的图表外观上可能不够美观或不够协调，可以双击图表区，进入图表编辑状态，仿照 Excel 修改图表的方法来设置图表区各个元素的属性，如不显示图表标题、不显示图例、减小坐标轴字体字号、使所有文字尽可能排列整齐、更改数据系列填充颜色等。调整后的窗体如图 5-58(b)所示。

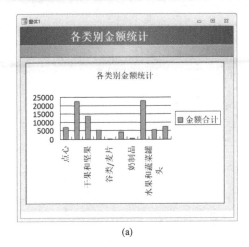
(a)

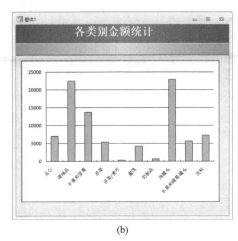
(b)

图 5-58　图表窗体

本 章 小 结

窗体是用户操作数据库的主要界面，功能完善，具有交互操作的特点，使用方便的窗体来操作数据库是数据库应用系统设计的重要目标。在 Access 数据库管理系统中，提供了丰富的窗体形式和灵活多样的创建方法，实际开发中主要使用窗体工具、窗体向导快速生成，然后使用设计视图或布局视图修改完善。

学习本章要求掌握窗体、控件等的相关概念，重要的是学会通过窗体工具、窗体向导和设计视图创建各类窗体的方法，以及创建各类控件的方法；学习难点是主/子窗体的创建。

习 　 题

一、简答题

1. 窗体有哪些功能？组成部分有哪些？各是什么？
2. 窗体分为哪几种类型？子窗体有什么用处？

3. 窗体中的工具箱有何用处？有多少常用的控件对象？各是什么？有何用处？如果打开窗体时，不能看到属性表和字段列表，应如何操作？

4. 在窗体中，在什么情况下适合使用文本框控件？在什么情况下适合使用组合框控件？在什么情况下适合使用列表框控件？

5. 在窗体数据源中如果要使用两个以上的表，应如何使用？

二、操作题

使用设计视图创建如图 5-59 所示的"主切换面板"窗体。单击相应按钮可以打开对应名称的窗体，单击相应图标，也可以打开对应的窗体。

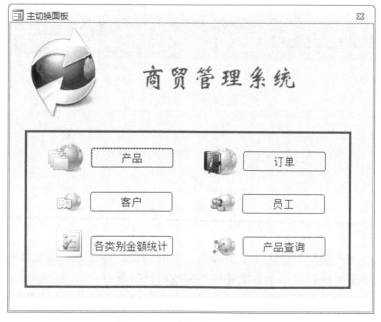

图 5-59 "主切换面板"窗体

第6章 报表设计

数据库应用系统经常需要对数据进行打印输出，如打印学生成绩、打印发货单、上报财务报表等。在 Access 中，报表是数据输出的特有形式，精美且设计合理的报表不仅能使数据呈现出来，还能根据需要对数据进行综合整理，把各种汇总数据或统计结果以多种方式输出，使用户一目了然。本章将详细介绍报表的创建和修改、打印和预览等内容。

6.1 报表概述

报表是数据库中数据信息输出的一种形式，它可以将数据以多种形式通过屏幕显示或打印机打印出来，是 Access 2010 中的重要对象之一。报表的主要功能就是以一定格式输出用户选定的数据，具体包括：展示格式化的数据；分类组织数据，对数据进行分组统计；对大量数据进行计数、求平均、求和等统计计算；以多种样式打印输出数据，如购物小单、产品订单、标签等。

6.1.1 报表的类型

按报表的结构可以把报表分为表格式报表、纵栏式报表、图表报表和标签报表。

1. 表格式报表

表格式报表是以行、列的形式显示数据，类似于表格的形式。通常，一行是一条记录，一页显示多条记录。

2. 纵栏式报表

纵栏式报表以垂直方式排列报表上的控件，在每页上显示一条或多条记录，其显示方式类似于纵栏式窗体。

3. 图表报表

图表报表以图表形式显示数据，可以更直观地显示出数据的分析和统计信息。Access 提供了 20 种不同的图表样式，包括常用的条形图、柱形图、饼图等。图 6-1

是一个柱形图报表，对 2019 年某公司各员工两个季度的销售总额进行了对比。

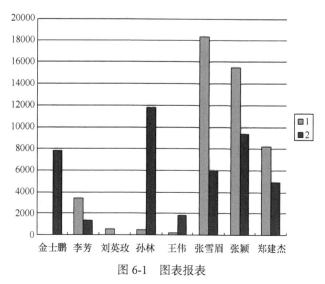

图 6-1　图表报表

4. 标签报表

标签报表是一种特殊类型的报表，可以在一页中建立多个大小、格式一致的方形区域，将少量数据集中展示在其中，用于制作类似卡片的各种标签、名片、通知、传真等，如图 6-2 所示。

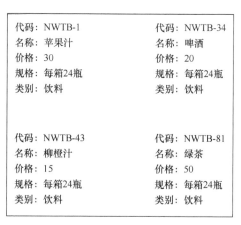

图 6-2　标签报表

6.1.2　报表的视图

在 Access 2010 中，报表有四种视图方式：设计视图、打印预览视图、报表视图和布局视图，可以利用"开始"选项卡最左端的"视图"组进行切换。

　　报表设计视图(图 6-3)是用于创建或修改报表结构的视图，可以进行控件添加/删除、报表对象的属性设置、报表布局美化等复杂操作，是报表最常用的一种视图方式。实际上，报表设计视图的操作方式与窗体设计视图非常相似，因此本章将不再重复介绍相关技巧，而将重点放在报表自身特有的设计操作上。

图 6-3　报表设计视图

　　打印预览视图用于查看报表的输出数据和输出格式，也可以查看报表的打印外观，如图 6-4 所示。在打印预览视图中，用户可以按不同的缩放比例对报表进行预览，或对页面进行设置。

　　与打印预览视图一样，报表视图也可以查看报表的实际打印效果，但报表视图还兼有其他更强的功能，如对报表应用高级筛选等。

　　布局视图可以在显示数据的情况下调整报表的设计，根据实际数据调整列宽和位置，向报表添加分组级别和汇总选项。

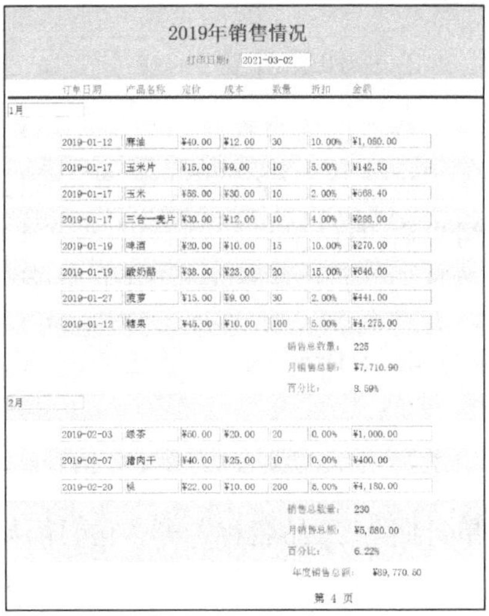

6.1.3　报表的结构

　　从报表的设计视图中可以看出报表的结构与窗体非常相似，其每个部分被划分成一个"节"。报表的结构包括报表页眉、页

图 6-4　报表打印预览视图

面页眉、分组页眉、主体、分组页脚、页面页脚、报表页脚七个部分。每个节有特定的目的,有特定的数据处理方式,并按特定的顺序打印输出。字段和控件可以放置在多个节中,但同一信息放在不同节中的效果是不同的,换句话说,不同节中的内容在输出时位置和次数是不相同的。

在报表的七个节中,只有主体节是必需的,其他节可以删除,具体方法将在 6.3 节中介绍。下面对报表的各节进行介绍,同时结合图 6-3、图 6-4 介绍设计视图中的空间安排及其与报表输出内容的对应关系。

1. 报表页眉节

报表页眉节在报表设计视图的顶部,其中的内容仅在输出报表的首页显示或打印一次。通常用于放置显示在封面上的信息,如徽标、报表标题、报表用途和日期等。图 6-3 中报表页眉节的标签控件 "2019 年销售情况",显示在图 6-4 中就是报表首页首行的标题文字 "2019 年销售情况";报表页眉节的标签控件 "打印日期:" 以及文本框 "=Date()",就是图 6-4 中显示在首页标题下方的文字 "打印日期:" 及 "2021-03-02"(运行报表的具体日期)。

2. 页面页眉节

页面页眉节在报表页眉节下方,其中的内容将在报表每一页的开始处打印输出。通常用于设置在每页开头显示的内容,如各列的标题等。图 6-3 中页面页眉节中 "订单日期""产品名称""定价""成本""数量""折扣""金额" 等标签控件分别对应于图 6-4 中每页上方的列标题;页面页眉节中的直线控件显示为每页列标题下方的直线。

3. 分组页眉节

分组页眉只在分组报表中出现,其中的内容显示在每一组开始的位置,通常用于显示分组名称或分组提示信息。图 6-3 所示的报表是按订单月份进行分组的,组页眉(即订单日期页眉)中的文本框控件 "=Month([订单日期])&"月"" 计算出订单月份,对应于图 6-4 中的 "1 月""2 月" 等。

4. 主体节

主体节是输出数据的主要区域,记录源中的每一行都会显示一次,用于放置构成报表主体的控件。图 6-3 所示报表的主体节中包含了多个文本框控件,如 "订单日期""产品名称" 等,它们都与相关字段绑定,在图 6-4 中输出了数据源中的 "2019-01-12　麻油　¥40.00　¥12.00　30　10.00%　¥1,080.00" 等信息。

5. 分组页脚节

分组页脚只在分组报表中出现，其中的内容显示在每个分组的结尾，通常用于显示分组的汇总信息，如分组的平均值、总和等。在图 6-3 所示的报表中，订单日期页脚中放置了显示标题的标签控件以及计算销售产品数量、销售总额、百分比的文本框控件，在图 6-4 的输出报表中，统计出了每月的产品销售数量、销售总额及月销售总额在年度销售总额中的占比，输出在每组的结束位置，如 1 月销售产品数量为 225，销售额为 7710.90 元，占比为 8.59%。

6. 页面页脚节

页面页脚中的内容显示在每页的结尾，通常用于显示页码或每页的信息。图 6-3 中页面页脚节中的文本框控件 ""第 " & [Page] & " 页""，对应于图 6-4 中每页下端出现的页码 "第 4 页" 等。

7. 报表页脚节

报表页脚节位于设计视图的底端，其中的内容仅在报表最后一页的底部输出，显示在最后一页的页面页脚之前，通常用于显示整个报表的汇总信息或说明信息。图 6-3 中报表页脚节中的文本框控件 "=Sum([数量]*[定价]*(1−[折扣]))" 用于计算 2019 年的销售总额。从图 6-4 中可以看出，公司年度销售总额为 89770.50 元。

6.2 报表的创建

Access 创建报表的许多方法和创建窗体基本相同，可以使用 "报表"、"报表设计"、"空报表"、"报表向导" 和 "标签" 等方法来创建报表，在 "创建" 选项卡的 "报表" 组中提供了这些创建报表的工具。

6.2.1 使用 "报表" 工具创建

使用 "报表" 工具是创建报表最快速的方法，其数据来源于基础表或查询中的所有字段。用这种方法可能无法创建出最终需要的完美报表，但对于迅速查看基础数据极其有用，在生成报表后再利用设计视图或布局视图对其进行编辑，这样可以大大提高报表设计的效率。

【例 6.1】 以 "订单明细" 表为数据源，快速创建 "订单明细" 报表。

具体操作步骤如下。

(1) 打开 "商品销售系统" 数据库，在 Access 导航窗格中，选择 "订单明细" 表。

(2) 在"创建"选项卡的"报表"组中，单击"报表"按钮，"订单明细"报表创建完成，并且切换到布局视图，如图 6-5 所示。

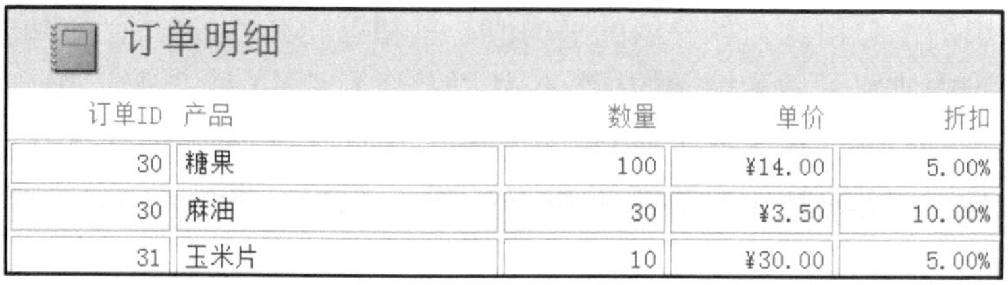

订单明细				
订单ID	产品	数量	单价	折扣
30	糖果	100	¥14.00	5.00%
30	麻油	30	¥3.50	10.00%
31	玉米片	10	¥30.00	5.00%

图 6-5　"订单明细"报表

(3) 单击工具栏中的保存按钮，在弹出的"另存为"对话框中输入报表名称或使用系统默认名称，单击"确定"按钮，即可完成报表创建。

简单的几步就可以创建标准化的报表，这对初学者来说非常简单快捷，但这个报表可能还需要进一步修改，具体方法将在 6.3 节中介绍。

6.2.2　使用"报表向导"工具创建

与使用"报表"工具创建报表不同的是，使用"报表向导"创建报表时，可自由选择报表的数据源字段，此外，用户还可以根据需要设置分组和排序、产生各种统计数据、选择报表的布局样式等。

【例 6.2 】　创建报表，查看各种产品每个季度的销售情况。

具体操作步骤如下。

(1) 打开"商品销售系统"数据库，在"创建"选项卡的"报表"组中选择"报表向导"工具，打开"报表向导"对话框。

(2) 在"表/查询"组合框列表中选择"表：产品"选项，双击"产品名称"，将其从"可用字段"框添加到"选定字段"框中；再按相同的方法添加"订单"表中的"订单日期"，"产品"表中的"定价"以及"订单明细"表中的"数量""折扣"字段，结果如图 6-6 所示。

(3) 单击"下一步"按钮，出现如图 6-7 所示的对话框，该对话框用于设置自动分组。需要注意的是，如果数据源为单表或表之间没有关联关系的多张表，则不会出现该对话框。本例按产品名称及订单日期的季度进行分组，需要自行设置分组规则，因此在该对话框中选择查看数据的方式为"通过 订单明细"。

(4) 单击"下一步"按钮，出现用于自行定义分组的对话框。依次双击左侧窗格中的"产品名称"和"订单日期"，此时，报表先按产品名称分组，产品名称相同时再按订单日期进行分组。本例中需要按订单日期中的季度进行分组，还需要单击左下角的"分组选项"按钮，在弹出的"分组间隔"对话框中选择按"订单日期"的"季"进行分组。结果如图 6-8 所示。

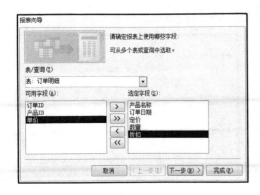

图 6-6 选择数据源以及字段

图 6-7 设置自动分组

(5) 单击"下一步"按钮,出现如图 6-9 所示的对话框,该对话框用于指定排序字段、排序方式和汇总选项。需要注意的是,只有设置了分组字段以后,才能进行汇总选项的设置,并且也只能对数值型字段进行汇总统计。

图 6-8 设置分组级别

图 6-9 设置排序方式、汇总选项

如果要产生统计数据,则可以单击"汇总选项"按钮,打开如图 6-10 所示的"汇总选项"对话框,从图中可以看出,能执行的计算包括汇总(即求和)、平均、最小、最大四种。在该对话框中还有"显示"选项,其中,选择"明细和汇总"单选按钮表示同时打印每个记录的数据以及分组的统计信息,选择"仅汇总"单选按钮表示只显示汇总信息,不显示记录。选择"计算汇总百分比"复选框表示可打印分组汇总的百分比。本例选择对数量字段进行汇总。

(6) 单击"下一步"按钮,出现如图 6-11 所示的对话框,该对话框用于选择报表的布局方式和纸张打印方向。为了保证所有的字段值都显示在一页上,可选择"调整字段宽度使所有字段都能显示在一页中"复选框。本例选择"块"式布局,方向选择"纵向"。另外,如果没有进行数据分组,在"布局"中可以选择创建"表格式"报表或"纵栏式"报表，读者可自行实验。

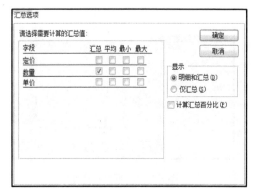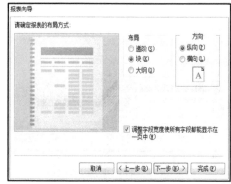

图 6-10　　"汇总选项"对话框　　　　　　　图 6-11　　设置报表布局方式

(7) 单击"下一步"按钮，打开如图 6-12 所示的对话框，在该对话框中输入报表标题"产品季度销售报表"，指定创建报表后进行的操作为预览报表。

(8) 单击"完成"按钮，向导按照指定的设置创建了报表，报表的预览视图如图 6-13 所示。关闭预览视图，完成报表的创建。

图 6-12　　设置报表标题　　　　　　　图 6-13　　产品季度销售报表

使用"报表向导"创建报表虽然可以选择字段、分组，但仍存在不完美之处，如由于控件宽度的限制，订单日期显示为"########"。为了创建更完美的报表，需要进一步修改完善，这需要在报表的设计视图中进行。

6.2.3　使用"标签"工具创建

在日常工作中，经常需要制作一些"产品标签""客户联系方式"等标签。使用 Access 2010 中的"标签"工具，可以方便地创建标签报表。

【例 6.3】　以"客户"表为数据源，创建客户标签报表。

具体操作步骤如下。

(1) 打开"商品销售系统"数据库，在"导航"窗格中选择"客户"表。

(2) 在"创建"选项卡中选择"报表"组，单击"标签"按钮，打开"标签向导"的第一个对话框，如图 6-14 所示，该对话框用于设定标签的尺寸、型号、度量单位，还可以自定义标签，本例选择默认的标签尺寸。

(3) 单击"下一步"按钮，出现"标签向导"的第二个对话框，如图 6-15 所示，该对话框用于指定标签文本的字体和颜色。本例设置文本外观为楷体 11 号半粗蓝色文字。

图 6-14 设定标签尺寸

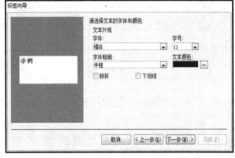

图 6-15 设置文本字体和颜色

(4) 单击"下一步"按钮，出现标签向导的第三个对话框，如图 6-16 所示，该对话框用于设计原型标签。"原型标签"窗格是个微型文本编辑器，单击使光标定位在原型标签的任意行首，再用空格键定位光标横向的位置，可以在其中输入文本，也可以从"可用字段"列表中选择字段，字段用大括号定界，表示在标签中显示为字段值。不管哪种形式，实际上都是在报表的相应位置创建了控件。本例先在原型标签的首行输入文本"公司:"，然后在可用字段中双击"公司"字段，其他行按相同方法依次操作。

(5) 单击"下一步"按钮，出现标签向导的第四个对话框，如图 6-17 所示，

图 6-16 设置原型标签

图 6-17 选择排序字段

该对话框用于选择排序字段。在"排序依据"列表框中列出了用于排序的字段，其顺序也决定了排序的先后顺序。本例中选择"客户 ID"作为排序字段。

(6) 单击"下一步"按钮，出现如图 6-18 所示的对话框，输入"客户标签报表"作为报表名称。

(7) 单击"完成"按钮，完成报表的创建过程，创建好的报表如图 6-19 所示。

图 6-18　指定标签名称　　　　　　　　　图 6-19　标签报表

6.2.4　使用"空报表"工具创建

空报表并不是说最终创建的是空的报表，而是指从一个完全空白的、没有结构的报表开始创建自己所希望的报表。在建立空白报表的同时，右侧出现字段列表窗格，其中包含了报表可以选择的多个数据源的字段，用户可以直接拖动字段向报表中添加控件。

【例 6.4】　利用"空报表"创建员工报表。

具体操作步骤如下。

(1) 打开"商品销售系统"数据库，在"创建"选项卡中选择"报表"组，单击"空报表"按钮，打开空白报表窗口，该窗口右侧自动显示"字段列表"窗格。

(2) 单击"字段列表"中的"显示所有表"链接，展开数据表列表，此时单击表名前的"+"号展开对应表的字段列表，本例使用"员工"表作为数据源，如图 6-20 所示。

(3) 依次双击所需字段，或将所需字段直接拖到报表中，都可以生成相应控件。本例中依次双击"员工"表中的"员工 ID"、"姓名"和"职务"，产生的报表如图 6-21 所示。

(4) 单击工具栏中的保存按钮，将该报表保存为"员工报表"，完成报表的创建。

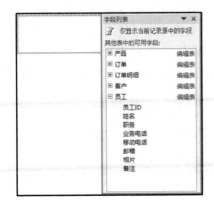

图 6-20 "空报表"及字段列表

员工ID	姓名	职务
1	张颖	销售代表
2	王伟	销售副总裁
3	李芳	销售代表
4	郑建杰	销售代表
5	赵军	销售经理
6	孙林	销售代表
7	金士鹏	销售代表
8	刘英玫	销售协调
9	张雪眉	销售代表

图 6-21 员工报表

6.2.5 使用"设计视图"工具创建

简单报表通常使用向导或报表工具直接进行创建,复杂的报表则可以直接在设计视图中创建,也可以先使用报表向导创建,再使用设计视图进行修改。

【例 6.5】 在设计视图中创建报表,显示出 2019 年销售明细,包括订单日期、产品名称、定价、成本、数量、折扣等内容。

具体操作步骤如下。

(1) 打开"商品销售系统"数据库,在"创建"选项卡中选择"报表"组,单击"报表设计"按钮,打开空白的报表设计视图。

(2) 设置数据源。在"设计"选项卡的"工具"组中,单击"属性表"按钮,弹出"属性表"对话框。在该对话框中,单击"记录源"属性右侧的按钮,打开查询生成器,设置该报表的数据源为如图 6-22 所示的查询,保存并关闭该查询。

(3) 在报表中添加字段。在"设计"选项卡的"工具"组中,单击"添加现有字段"按钮,弹出"字段列表"对话框,如图 6-23 所示。选中字段列表中的所

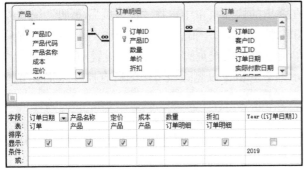

图 6-22 "查询生成器"窗口

图 6-23 "字段列表"对话框

有字段，将它们拖到报表设计视图的主体节，在主体节中就自动生成了绑定文本框及附属标签，默认按纵栏式报表进行布局，如图 6-24 所示。

（4）预览报表。切换到打印预览视图，其结果如图 6-25 所示。

（5）保存报表。将该报表保存为"2019 年销售报表"，关闭报表预览视图，完成报表的创建。

图 6-24　报表设计视图

图 6-25　报表预览结果

上述例子介绍了 Access 2010 创建报表的一般过程，而要创建出满足实际要求的报表，还需要对其进行进一步的修改和美化，具体内容将在 6.3 节中介绍。

6.3　报表的高级设计

6.3.1　报表的编辑和美化

1. 报表的编辑

1) 节的使用

在报表设计视图中右击，在弹出的快捷菜单中选择"报表页眉/页脚"选项或"页面页眉/页脚"选项可以添加或删除相应节。报表页眉/页脚和页面页眉/页脚只能成对添加或删除，如果需要单独删除页眉或页脚，可以通过设置节的"可见性"属性为"否"来隐藏不需要显示的节。也可以删除该节中的所有控件，将该节的"高度"属性设置为 0。

报表的宽度是统一的，改变节的宽度会改变整个报表的宽度。各节的高度则可以随意调节，将鼠标指针置于节的下边沿，上下拖动鼠标就可以改变节的高度，也可以通过设置节的"高度"属性来进行精确调整。

2) 使用控件

要在报表中添加控件，可以选中"设计"选项卡"控件"组中的对应控件按钮，在设计视图中单击。在选中某个对象后，就可以通过"属性表"对话框设置该对象的属性。控件的使用方法以及常用属性与窗体类似，在此不再赘述，读者可参考第 5 章窗体设计中的相关内容。

3) 添加日期和时间

具体操作步骤如下。

(1) 在设计视图中打开要修改的报表。

(2) 在"设计"选项卡的"页眉/页脚"组中，选择"日期和时间"选项，弹出"日期和时间"对话框。

(3) 根据需要选择是否包含日期、时间以及样式，单击"确定"按钮。

日期和时间默认出现在报表页眉节，可以将生成的控件直接拖动到其他节。添加日期和时间还可以使用另一种方法，在报表中添加文本框控件，然后设置该文本框的控件来源属性。控件来源中输入"=Date()"表示显示当前系统日期；输入"=Time()"表示显示当前系统时间；如果要同时显示日期和时间，可输入"=Date()&Time()"或"=Now()"。

4) 添加页码

添加页码的操作步骤与添加日期和时间的方法类似，在报表的设计视图下，选择"设计"选项卡中"页眉/页脚"组中的"页码"选项，在弹出的"页码"对话框中进行格式、位置等设置，然后单击"确定"按钮。

与添加日期和时间一样，也可以采用插入文本框的方法来添加页码，这时需要使用 Page 和 Pages 这两个内置变量。在文本框中输入"=[Page]"表示页码，输入"=[Pages]"表示页数。如果输入"="第"&[Page]&"页""，则显示为"第 N 页"的形式，输入"="第 " & [Page] & " 页 " & "共 " & [Pages] & " 页""，则显示为"第 N 页，共 M 页"的形式。

【例 6.6】 修改例 6.5 创建的"2019 年销售报表"，将其改为表格式报表，添加报表标题、日期和时间及页码等内容。

具体操作步骤如下。

(1) 打开"2019 年销售报表"的设计视图。

(2) 更改报表布局。选中主体节中的所有控件，在"排列"选项卡的"表"组中，单击"表格"按钮，报表的布局发生变化，字段附属标签移动到页面页眉节中，附属标签和字段上下一一对齐成为表格形式。

(3) 添加报表标题。在"设计"选项卡中选择"页眉/页脚"组，单击"标题"按钮，设计视图中出现报表页眉/报表页脚节，将报表页眉节中的标签内容修改为"2019 年销售情况"；输入完毕后选中该标签控件，在属性窗格中设置其字号为

22，加粗显示；将该标签调整到报表页眉水平居中的位置。

(4) 添加分隔线。单击"设计"选项卡"控件"组中的直线按钮 ＼，在页面页眉节列标题的下方画出直线，在属性窗格中设置其边框颜色为"深蓝，文字 2"，边框宽度为 3pt①。为了保证直线水平或垂直，可在画直线时按住 Shift 键。

(5) 添加日期。单击"设计"选项卡"控件"组中的文本框按钮 [ab]，在报表页眉节中添加文本框控件。设置文本框的控件来源为"=Date()"，设置文本框附属标签的标题属性为"打印日期:"。

(6) 添加页码。在页面页脚节中添加文本框控件，其控件来源为"="第 " & [Page] & " 页""，边框样式属性为"透明"，删除文本框的附属标签。

(7) 调整报表。在页面页眉节中，拖动左上角的控制符，把所有字段向左拖动，适当减小该组控件的宽度，在"属性表"对话框中设置该组控件的对齐方式为"左对齐"，设置"折扣"文本框的格式属性为"百分比"；将主体节中所有字段向上拖动到靠近主体节的上边沿处；调整页面页眉节的高度，使其下边沿紧靠节中的直线，使用相同的方法调整其他各节的高度；调整报表页面宽度到适当大小，调整后的报表设计视图如图 6-26 所示。

(8) 保存报表，切换至打印预览视图，结果如图 6-27 所示。

图 6-26　调整后的报表设计视图

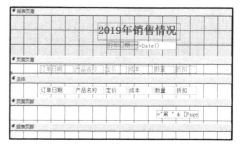

图 6-27　打印预览结果

2. 报表的美化

1) 使用主题格式

Access 提供了多种预定义报表主题格式，如"暗香扑面""奥斯汀""穿越""凤舞九天"等，这些主题可以统一地更改报表中所有文本的字体、字号、颜色及线条粗细等外观属性。设置报表主题格式的操作步骤如下。

---

① pt 为 point(点)的缩写，1pt=0.376mm。

(1) 打开报表的设计视图。

(2) 单击"设计"选项卡"主题"组中"主题"选项下方的下拉按钮，打开系统预定义的主题组。

(3) 选择合适的主题格式来代替目前的报表格式。

2) 自定义报表格式

自定义报表格式通常采用以下两种方法：一是使用"属性表"对话框对报表中的控件进行格式设置；二是使用"格式"选项卡(图 6-28)中的按钮进行设置，可以设置字体、显示格式、数字、背景等。

图 6-28　报表"格式"选项卡

6.3.2　报表的排序、分组汇总和计算

在 Access 中，除了可以利用报表向导实现记录的排序、分组和简单统计计算外，还可以在设计视图中对报表记录进行排序和分组，对数据进行各种计算。

1. 记录的排序

在默认情况下，报表中的记录是按数据输入的先后顺序来显示的。但有时需要按某种顺序来排列记录，如按总分从高到低排列，按销售量从低到高排列等。

【例 6.7】　将"2019 年销售报表"按照销售量从高到低排序。

具体操作步骤如下。

(1) 打开"2019 年销售报表"的设计视图。

(2) 单击"设计"选项卡"分组和汇总"组中的"分组和排序"按钮。在设计视图底部会出现"分组、排序和汇总"窗格，其中包含"添加排序"和"添加组"按钮，如图 6-29 所示。

(3) 单击"添加排序"按钮，打开"排序"工具栏，选择排序字段为"数量"，排序方式为"降序"，如图 6-30 所示。需要注意的是，报表中可以有多个排序字段，要调整其优先次序时，可单击行右侧的上拉或下拉按钮；要删除某个排序字段时，可单击该行右侧的删除按钮。

(4) 打开报表的打印预览视图，报表将按数量的降序进行显示。

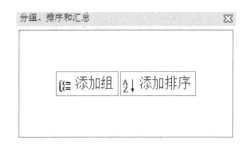

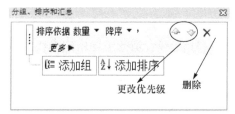

图 6-29　"分组、排序和汇总"窗格　　　　　图 6-30　设置排序依据

2. 记录分组和汇总

分组就是把报表中具有共同特征的相关记录排列在一起，如按员工对订单分组、按学院对学生分组等。在 Access 中，可以按一个字段分组，也可以按多个字段分组。在分组的基础上继续按其他字段分组，就是分组嵌套，如输出每个员工各个月完成的订单，需要先按员工姓名分组，再按订单月分组。

分组的目的通常是为进行各种统计计算做准备，通过分组实现汇总和计算，增强报表的可读性。在"分组、排序和汇总"窗格中，每个分组级别都有许多选项，如图 6-31 所示，可以通过设置它们来获得所需结果。分组中的选项如下。

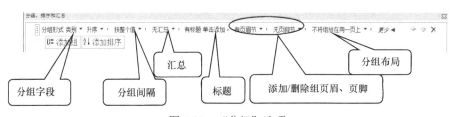

图 6-31　"分组"选项

(1) 分组间隔：设置记录如何分组。例如，可以根据文本字段的第一个字符进行分组，从而将以"A"开头的记录归为一组，以"B"开头的记录归为一组，以此类推；可以根据日期型字段的年、月、日等进行分组。

(2) 汇总：若要添加汇总，可以选择此选项。可以添加多个字段的汇总，还可以对同一个字段执行多种类型的汇总。单击"汇总"项后的下拉按钮，打开如图 6-32 所示的"汇总"菜单，其中，"汇总方式"用于选择要进行汇总的字段；"类型"用于选择将要执行的计算类型；"显示总计"复选框用于在报表结尾即报表页脚节中添加控件；"显示组小计占总计的百分比"复选框用于在组页脚中添加控件，该控件能计算每个组的小计占总计的百分比；"在组页眉中显示小计"和"在组页脚中显示小计"复选框用于设置汇总数据显示的位置。

图 6-32 "汇总"菜单

(3) 标题：通过此选项可以更改汇总字段的标题，如果需要修改或添加标题，则要单击"有标题"后的链接文字，在弹出的对话框中输入标题。

(4) 有/无页眉节：此设置用于添加或删除每个分组开头的页眉节。

(5) 有/无页脚节：此设置用于添加或删除每个分组结束处的页脚节。

(6) 分组布局：此设置用于确定在打印报表时页面中各组的布局方式。有三个选项：不将组放在同一页上、将整个组放在同一页上以及将页眉和第一条记录放在同一页上。

【例 6.8】 修改"2019 年销售报表"，统计出每个月销售的商品总数。

具体操作步骤如下。

(1) 打开"2019 年销售报表"的设计视图。

(2) 单击"设计"选项卡"分组和汇总"组中的"分组和排序"按钮，打开"分组、排序和汇总"窗格，删除其按"数量"字段的降序显示。

(3) 分组设置：单击"添加组"按钮，在"选择字段"下拉列表框中选择"订单日期"选项，在"分组间隔"下拉列表框中选择"按月"选项；单击"更多"按钮，将组页脚设置为"有组页脚"，将分组布局设置为"将整个组放在同一页上"，设置结果如图 6-33 所示。

图 6-33 分组设置

(4) 汇总设置：对"数量"字段添加"合计"汇总方式，选择"在组页脚中显示小计"复选框。

(5) 其他：为组页脚中的控件添加说明标签"销售总数量:"，最终的设计视图如图 6-34 所示。

(6) 预览报表，结果如图 6-35 所示，保存该报表。

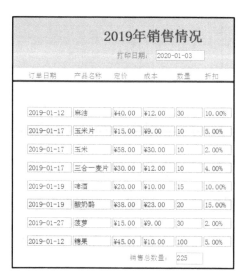

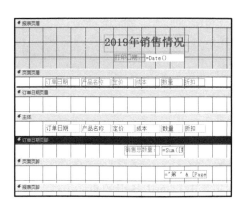

图 6-34 修改后的设计视图 　　　　图 6-35 修改后的打印预览视图

3. 报表的计算

报表的计算可在分组汇总时通过选择命令来实现，如例 6.8 中产品销售总数量的计算，也可以在报表的适当位置添加文本框控件，然后在文本框中输入以等号(=)开头的表达式，或者将文本框的"控件来源"属性设置为计算表达式。

在统计计算的表达式中经常要用到一些内置函数，如使用 Count 函数计算记录的数目、Avg 函数计算字段的平均值、Sum 函数计算字段的和、Max 函数计算字段的最大值、Min 函数计算字段的最小值等。

【例 6.9】 计算"2019 年销售报表"中每条记录的金额，统计出每月以及 2019 年销售总额，并计算出各月销售额占全年销售额的百分比。

具体操作步骤如下。

(1) 打开"2019 年销售报表"的设计视图。

(2) 在分组页眉中显示月份。在订单日期页眉节中添加文本框控件，将其控件来源设置为 "=Month([订单日期])&" 月 ""，删除文本框附属标签。

(3) 计算每条记录的金额。在主体节中添加一个文本框控件，控件来源属性为 "=[数量]*[定价]*(1-[折扣])"，格式属性为"货币"；将这个文本框的附属标签剪切到页面页眉节的适当位置，标题改为"金额"。

(4) 计算每月销售总额。在订单日期页脚节中添加文本框控件，其控件来源为 "=Sum([数量]*[定价]*(1-[折扣]))"，名称属性为"月销售额"，设置其附属标签的标题为"月销售总额:"。

(5) 计算年度销售总额。将订单日期页脚节中的"月销售额"文本框复制、粘贴到报表页脚节中,名称属性改为"年销售额",标签标题改为"年度销售总额:"。

(6) 计算月销售额在年度总销售额中的百分比。在订单日期页脚节中添加文本框控件,其控件来源为"=[月销售额]/[年销售额]",格式属性为"百分比",附属标签标题为"百分比:"。完成后其设计视图和打印预览视图分别如图 6-3 和图 6-4 所示。

(7) 保存报表。

在实际应用中,经常需要计算销售利润,实现的方法与计算销售额相似,读者可以自行尝试。

6.3.3 子报表

子报表是包含在其他报表中的报表,通常采用在一个报表中插入另一个报表的形式来实现。前者称为主报表,后者称为子报表。在创建子报表之前,必须确保主报表和子报表的数据源之间已经建立了正确的联系(一般是一对多关系),这样才能保证子报表中显示的记录与主报表中显示的记录相一致。

一个主报表最多可以包含二级子报表,例如,某个报表可以包含一个子报表,这个子报表还可以包含一个子报表。

创建子报表有两种形式,一种是在已有的报表中创建一个新的子报表;另一种是在报表中加入原来创建好的报表或窗体。下面以第一种方法为例,介绍子报表的创建。

【例 6.10】 在例 6.4 创建的"员工报表"中创建子报表,显示每个员工完成的订单。

具体操作步骤如下。

(1) 打开"员工报表"(例 6.4 创建)的设计视图,适当调高主体节的高度。

(2) 确保"设计"选项卡"控件"选项组中的 使用控件向导(W) 选项处于选中状态,然后选择"子窗体/子报表"选项 ,在主体节控件的下方单击,打开子报表向导的第一个对话框,如图 6-36 所示。该对话框用于选择子报表的创建方法,本例使用默认选项"使用现有的表和查询"作为子报表。

(3) 单击"下一步"按钮,打开子报表向导的第二个对话框,如图 6-37 所示,该对话框用于选择子报表包含的字段。将"表:订单"中的"订单 ID""客户 ID""订单日期"以及"表:订单明细"中的"产品 ID""数量"添加到"选定字段"列表框中。

(4) 单击"下一步"按钮,出现如图 6-38 所示的对话框,该对话框用于定义主报表与子报表之间的链接字段,可以直接选择,也可以自行定义,在本例中选择系统设置的链接字段。

图 6-36　选择子报表创建方法

图 6-37　选择子报表数据源和字段

（5）单击"下一步"按钮，出现如图 6-39 所示的对话框，输入子报表名称"员工订单子报表"。

图 6-38　设置主/子报表的链接字段

图 6-39　设置子报表的标题

（6）单击"完成"按钮，此时子报表已经添加到"员工报表"中，删除子报表控件的附属标签。预览时子报表的数据显示不全，需要先关闭"员工报表"，再打开"员工订单子报表"的设计视图，调整子报表的宽度和高度、调整控件大小和字段对齐方式，保存后重新打开"员工报表"，设计结果如图 6-40 所示。

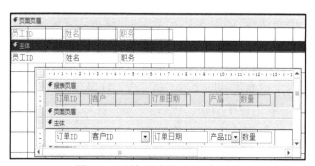

图 6-40　添加子报表的设计视图

(7) 预览报表，可以看到每个员工的订单完成情况，如图 6-41 所示。

员工ID	姓名		职务		
1	张颖		销售代表		

订单ID	客户		订单日期	产品	数量
41	国皓		2019-03-21	葡萄干	300
42	广通		2019-03-21	豌豆	10
42	广通		2019-03-21	梨	10
42	广通		2019-03-21	小米	10

图 6-41　主/子报表预览

6.3.4　图表报表

Access 2010 没有提供直接创建图表报表的向导，但可以使用"图表"控件来创建图表报表。

【例 6.11】　创建图表报表，比较每个月的订单数量。

具体操作步骤如下。

(1) 打开"商品销售系统"数据库，在"创建"选项卡中选择"报表"组，单击"报表设计"按钮，打开报表设计视图。

(2) 在"设计"选项卡的"控件"组中，单击"图表"按钮 📊，在主体节中单击，添加一个图表对象，系统将自动启动图表向导，打开如图 6-42 所示的对话框，该对话框用于选择图表的数据源表或查询。本例选择"表：订单"作为数据源。注意，如果图表数据源为多个表中的字段，则需要事先创建一个查询作为其数据源。

(3) 单击"下一步"按钮，出现图表向导的第二个对话框，如图 6-43 所示，该对话框用于选择创建图表所用的字段。双击"可用字段"列表框中的"订单 ID"和"订单日期"，将其添加到"用于图表的字段"列表框中。

图 6-42　选择图表数据源

图 6-43　选择图表字段

(4) 单击"下一步"按钮，出现图表向导的第三个对话框，如图 6-44 所示，该对话框用于选择图表的类型，向导提供了多种不同的图表，包括柱形图、条形图、饼图、折线图等常见类型。本例使用默认的柱形图。

(5) 单击"下一步"按钮，出现图表向导的第四个对话框，该对话框用于指定字段在图表中的布局方式，其左侧为示例图表，右侧为可用字段，可将字段直接拖到示例图表中，也可以从示例图表中拖走字段。本例应按订单日期的月对"订单 ID"字段进行计数，因此，需要自定义图表布局，将示例图表中的"订单 ID"拖到左上角的"数据"中，再将"订单日期(按月)"拖到横坐标"轴"上。设计结果如图 6-45 所示。需要说明的是，如果需要改变分类方式或汇总方式，可双击示例图表中的字段，在弹出的分组对话框或汇总对话框中进行设置。

图 6-44　选择图表类型

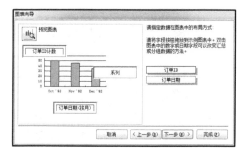

图 6-45　指定图表布局方式

(6) 单击"下一步"按钮，打开图表向导的最后一个对话框，输入图表标题为"各月订单"，如图 6-46 所示。

(7) 单击"完成"按钮，切换到报表预览视图，结果如图 6-47 所示。

(8) 保存。将报表保存为"各月订单图表"，关闭报表预览视图，完成报表的创建。

图 6-46　指定报表标题

图 6-47　各月订单对比

6.4　报表的打印

创建报表的主要目的是在打印机上输出，在打印前，需要根据报表和纸张的实际情况进行页面设计，通过预览功能查看报表的显示效果，符合要求时就可以在打印机上输出了。

6.4.1　页面设置

报表的页面设置包括纸张大小、页边距、打印方向以及打印列数等信息的设置，操作步骤如下。

(1) 在设计视图中打开报表。

(2) 选择"页面设置"选项卡中的"页面布局"选项组，执行"页面设置"命令，打开"页面设置"对话框，该对话框有三个选项卡："打印选项"、"页"和"列"。"打印选项"选项卡可以设置页边距等相关参数，如图 6-48(a)所示；"页"选项卡可以设置页面的相关参数，如图 6-48(b)所示；"列"选项卡可以设置列的相关参数，如图 6-48(c)所示。

(a)

(b)

(c)

图 6-48　"页面设置"对话框

6.4.2　预览和打印

1. 预览报表

预览报表的操作方法非常简单，只需切换到报表的打印预览视图即可。此时，功能区的选项卡减少，并出现"打印预览"选项卡，包括"打印""页面大小""页面布局""显示比例""数据""关闭预览"6 个组，如图 6-49 所示。

在打印预览时，常常出现"节宽度大于页宽度……"的提示框，如图 6-50 所

图 6-49　　"打印预览"选项卡

示，如果忽略该提示，则可能出现每隔一页有空页的现象。这是因为出现了"报表宽度 + 左页边距 + 右页边距 >页面大小"的情况，这时应该进行调整，方法包括减小报表的宽度、减小页边距或改变页面方向。如果出现报表空白间距太大的情况，处理的方法包括：减小报表节的宽度或高度；减小控件之间的距离；减小控件的大小以正好容纳其内容。

图 6-50　　"节宽度大于页宽度……"提示框

2. 打印报表

经过预览、修改后，就可以将报表输出到打印机了，其操作方法如下。

(1) 执行"打印预览"选项卡中的"打印"命令，打开"打印"对话框，如图 6-51 所示。

图 6-51　　"打印"对话框

(2) 在"打印"对话框中可进行以下设置：在"打印机"选项组的"名称"列表框中可选择打印机的名称，单击"属性"按钮可对打印机进行进一步设置；在"打印范围"选项组中可进行打印页码的设置；在"份数"中可选择打印的份数。

(3) 设置完毕后，单击"确定"按钮即可开始报表的打印。

本 章 小 结

本章主要介绍了有关报表的知识，同时介绍了报表的各种创建方法：使用"报表"工具、使用"报表向导"、使用"标签"工具、使用"空报表"和"设计视图"创建报表，以及在报表设计视图中编辑美化已有报表的方法。

习　　题

1. 报表的主要功能是什么？
2. 报表分为哪几类？
3. 试说明报表的结构。
4. 试说明创建主/子报表的过程。
5. 如何在报表中进行分组计算？

第 7 章　宏与 VBA

在 Access 2010 中，还有一个很重要的对象——宏，它是一种简化了的编程方式，可以在不编写任何代码的情况下完成一系列预定的任务。本章将主要对宏的概念、分类、创建与应用、运行与调试等进行介绍，并在此基础上，扩展介绍 VBA。

7.1　宏的基本概念

宏是任务操作序列和动作指令的集合，其中每个操作或指令实现特定的功能。将多个操作集合在一起，可以自动完成各种简单的重复性工作。

7.1.1　宏的分类

按照宏操作命令的组织方式，宏可以分为单个宏、宏组、条件操作宏。它们包含在宏对象中，创建完毕后，显示在导航窗格的"宏"对象列表中，能被对象的事件多次反复调用。如果设计时有很多单个的宏，将其分类组织到不同的宏组中会有助于数据库的管理。如果在一定条件下才执行宏操作，则称其为条件操作宏。

另外还有嵌入式宏，它可以嵌入表格、窗体、报表或控件的任何事件属性中，成为所嵌入的对象或控件的一个属性，它不显示在导航窗格的"宏"对象列表中。

7.1.2　宏的操作界面及常用命令

在"创建"选项卡中的"宏与代码"命令组中，单击"宏"按钮，可以进入宏的操作界面，其中包括"宏工具/设计"选项卡、"操作目录"窗格和宏设计窗口，如图 7-1 所示

"宏工具/设计"选项卡包含三个命令组，分别是"工具"、"折叠/展开"和"显示/隐藏"。"操作目录"窗格中分类列出了所有宏操作命令。宏设计窗口提供了一个组合框供用户添加宏操作并设置操作参数。

Access 2010 提供了 66 种基本的宏操作命令，可以在"操作目录"窗格中双击添加或者在宏设计窗口的"添加新操作"组合框中选择。下面列出一些常用的操作命令。

OpenForm：用于打开窗体。

图 7-1　宏的操作界面

OpenReport：用于打开报表。

OpenQuery：用于打开查询。

Close：用于关闭数据库对象。

QuitAccess：用于退出 Access。

Beep：可以通过计算机的扬声器发出嘟嘟声，一般用于警告。

CancelEvent：取消一个事件，该事件导致 Access 执行包含宏的操作。

FindRecord：查找符合 FindRecord 参数指定条件的数据的第一个实例。该数据可能在当前的记录中，在之前或之后的记录中，也可以在第一个记录中，还可以在活动的数据表、查询数据表、窗体数据表或窗体中查询记录。

MessageBox：显示警告或提示信息。

RunMacro：运行宏，该宏可以在宏组中。

StopMacro：停止当前正在运行的宏。

GoToControl：把焦点移到打开的窗体、窗体数据表、查询数据表中当前记录的特定字段或控件上。

7.2　宏的创建与应用

宏只能通过设计视图创建。

7.2.1 宏的创建

1. 创建单个宏

【例 7.1】 在"商品销售系统"数据库中创建一个宏，打开数据库中的"员工 h"窗体和"产品 h"报表。

操作步骤如下。

(1) 打开"商品销售系统"数据库，单击"创建"选项卡下"宏与代码"组中的"宏"按钮，进入"宏生成器"窗口，创建默认名称为"宏 1"的宏。

(2) 单击"添加新操作"下拉按钮，选择 OpenForm 选项，单击"窗体名称"右侧的下拉按钮选择"员工 h"。

(3) 单击"添加新操作"下拉按钮，选择 OpenReport 选项，单击"报表名称"右侧的下拉按钮选择"产品 h"，如图 7-2 所示。

图 7-2 宏生成器-创建单个宏

(4) 在宏名称"宏 1"上右击，在弹出的快捷菜单中选择"保存"选项，打开"另存为"对话框，输入宏名称"打开员工 h 窗体和产品 h 报表"，单击"确定"按钮。

2. 创建宏组

宏组就是一个宏文件中包含多个宏，这些宏称为子宏。每个子宏都是独立的，互不相关，需要为每一个子宏指定一个名称并设置操作。

【例 7.2】 在"商品销售系统"数据库中创建一个宏组"宏组示例"。

操作步骤如下。

(1) 打开"商品销售系统"数据库，单击"创建"选项卡下"宏与代码"组中的"宏"按钮，进入"宏生成器"窗口，创建默认名称为"宏 1"的宏。

(2) 双击"操作目录"窗格中"程序流程"目录下的 Submacro 选项，添加子宏 Sub1。

(3) 单击"添加新操作"下拉按钮，选择 OpenForm 选项，单击"窗体名称"右侧的下拉按钮，选择"员工 h"。

(4) 双击"程序流程"目录下的 Submacro 选项，添加子宏 Sub2。

(5) 单击"添加新操作"下拉按钮，选择 OpenForm 选项，单击"窗体名称"右侧的下拉按钮，选择"订单 h"。

(6)同样添加第三个子宏 Sub3，单击"添加新操作"下拉按钮，选择 CloseWindow 选项，如图 7-3 所示。

图 7-3　宏生成器-创建宏组

(7) 在宏名称"宏 1"上右击，在弹出的快捷菜单中选择"保存"选项，打开"另存为"对话框，输入宏名称"宏组示例"，单击"确定"按钮。

此时单击"运行"按钮，会发现只有第一个子宏 Sub1 运行了，其他的子宏没有运行。这是为什么呢? 在宏的运行部分我们再来讲解。

3. 创建条件操作宏

如果希望满足指定条件时才执行宏的操作，可以使用操作命令 If 来进行流程控制，形成条件操作宏。

　　这里的条件是一个逻辑表达式，返回值为 True(真)或 False(假)，运行时根据表达式的结果决定是否执行相应的操作。如果在条件表达式中需要引用窗体或报表上的控件值，采用下列格式：

　　[Forms]![窗体名]![控件名]

　　[Reports]![报表名]![控件名]

　　【例 7.3】　创建一个窗体"条件操作宏运行示例"，根据选项组的选择，打开相应的报表。

　　操作步骤如下。

　　(1) 打开"商品销售系统"数据库，单击"创建"选项卡下"窗体"组中的"窗体设计"按钮，创建名称为"条件操作宏运行示例"的窗体。窗体中包含一个选项组控件 Frame0，如图 7-4 所示设置选项组的属性，注意选项组的单击事件属性设置为"条件操作宏示例"(这是后面我们要创建的条件操作宏)。

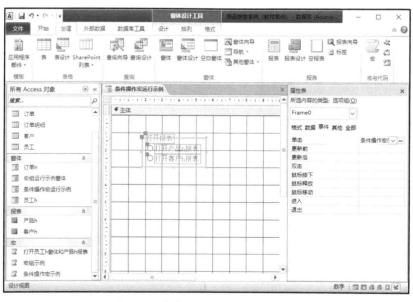

图 7-4　　"条件操作宏运行示例"窗体

　　(2) 单击"创建"选项卡下"宏与代码"组中的"宏"按钮，进入"宏生成器"窗口，创建名称为"条件操作宏示例"的宏。

　　(3) 单击"添加新操作"下拉按钮，选择 If 选项，在 If 后面的条件表达式输入框中输入"[Forms]![条件操作宏运行示例]![Frame0]=1"，单击 Then 下面的"添加新操作"下拉按钮，选择 OpenReport 选项，单击"报表名称"下拉按钮，选择"产品 h"。

　　(4) 单击下一个"添加新操作"下拉按钮，选择"添加 Else If"选项，在 Else

If 后面的条件表达式输入框中输入 "[Forms]![条件操作宏运行示例]![Frame0]=2"，单击 Then 下面的 "添加新操作" 下拉按钮，选择 OpenReport 选项，单击 "报表名称" 下拉按钮，选择 "客户 h"。

(5) 打开 "条件操作宏运行示例" 窗体，单击选项组中不同的按钮，可以打开对应的报表。

4. 创建嵌入的宏

在窗体、报表或控件的 "事件" 属性中可以嵌入宏。

【例 7.4】　在 "商品销售系统" 数据库中，创建嵌入宏。

操作步骤如下。

(1) 打开 "商品销售系统" 数据库，展开导航窗格。

(2) 右击 "订单明细 h" 窗体，在弹出的快捷菜单中选择 "设计视图" 选项。

(3) 在窗体 "页眉" 节中单击 "关闭" 按钮，在右侧 "事件" 选项卡下单击右侧的 "……" 按钮，打开 "选择生成器" 对话框，选择 "宏生成器" 选项。

(4) 自动创建嵌入宏，添加 CloseWindow 操作，如图 7-5 所示。

图 7-5　创建嵌入宏

(5) 保存该宏。

7.2.2　宏的运行与调试

可以直接运行宏，或者将执行宏作为对窗体、报表、控件中发生的事件做出的响应。

1. 直接运行宏

在导航窗格中选择"宏"对象，然后双击要运行的宏名；或者单击"数据库工具"上的"运行宏"按钮，在打开的对话框中选择要运行的宏。

2. 在窗体、报表或控件的事件中运行宏

如果希望从窗体、报表或控件中运行宏，只需单击设计视图中的相应控件，在相应的属性对话框中选择"事件"选项卡的对应事件，然后在下拉列表框中选择当前数据库中的相应宏。这样在事件发生时，就会自动执行所设定的宏。如果宏的操作参数引用了其他窗体或报表对象的值，则需使用对象完整的引用格式，其形式如下：

```
Forms![窗体名]![对象名]
Reports![报表名]![对象名]
```

【例 7.5】　在前面的例 7.2 中，在导航窗格双击"宏组示例"，会发现只有第一个子宏 Sub1 运行了，其他的子宏没有运行。这是因为宏组中如果没有专门指定要运行的子宏，就只会运行第一个子宏。这时可以通过窗体、报表或控件的事件来触发运行宏，把要运行的子宏设置在相应控件的事件中，如图 7-6 所示。

图 7-6　事件触发运行宏

3. 宏的调试

在宏设计视图的"宏工具"中使用"单步"执行宏，就可以观察宏的流程和每一个操作的结果，并且可以排除导致错误或产生非预期结果的操作。

(1) 打开相应的宏，单击"单步"按钮将其选中。

(2) 单击"运行"按钮，显示第一步宏操作，单击"单步执行"按钮，以执行显示在"单步执行宏"对话框中的操作。

(3) 单击"停止所有宏"按钮，以停止宏的运行并关闭对话框。

(4) 单击"继续"按钮，执行宏的未完成部分。

如果要在宏运行过程中暂停宏的执行，然后再以单步运行宏，请按 Ctrl+Break 快捷键。

4. 宏的编辑与修改

创建完一个宏之后，还常常需要对开始创建的宏进行编辑，添加或删除新的操作或者修改以往操作的不足。

在导航窗格中选择"宏"对象，然后右击要修改的宏名，在弹出的快捷菜单中选择"设计视图"选项，单击"添加新操作"下拉按钮则可以将新操作添加到宏中；如果需要删除宏中的某个操作，则选择该操作，按 Delete 键或单击宏窗格右侧的"删除"按钮将其删除；如果要修改宏中的某个操作，则选中该操作，直接为该操作修改参数即可；如果要移动宏中操作的顺序，则选中操作，单击窗格中的"上移"箭头或"下移"箭头即可完成移动。

7.2.3　宏的应用

前面提到了，宏可以在不编写任何代码的情况下完成一系列预定的任务，我们可以利用宏来快速地创建菜单，进行各种数据库对象的操作，创建数据宏来为数据附加逻辑等。

下面我们通过一个具体的实例来看一看宏的应用。

【例 7.6】　我们要创建如图 7-7 所示的自定义的快捷菜单。

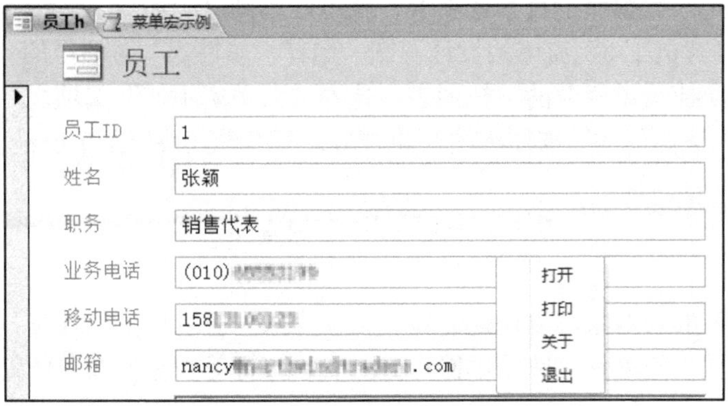

图 7-7　自定义的快捷菜单

```
□ 子宏: 打开

    OpenReport

        报表名称  员工h报表

            视图  报表

        筛选名称

            当条件

        窗口模式  普通

    End Submacro

□ 子宏: 打印

    RunMenuCommand
            命令  PrintObject

    RunMenuCommand
            命令  AddContactFromOutlook

    End Submacro

□ 子宏: 退出

    QuitAccess
            选项  提示
```

图 7-8　创建宏组

操作步骤如下。

(1) 打开"商品销售系统"数据库，单击"创建"选项卡下"宏与代码"组中的"宏"按钮，进入"宏生成器"窗口，创建默认名称为"宏 1"的宏。

(2) 单击"添加新操作"下拉按钮，选择 Submacro 选项，并将子宏命名为"打开"。在子宏的"添加新操作"下拉列表中选择 OpenReport 选项，在报表名称中选择要打开的报表。

(3) 使用相同的方法完成如图 7-8 所示的操作。保存该宏，名称为"菜单宏示例"。

(4) 关闭"宏生成器"窗口，在导航窗格选择刚刚创建的"菜单宏示例"宏，执行"数据库工具"选项卡下的"用宏创建快捷菜单"命令，即可完成快捷菜单的创建。注意：如果没有此命令，可以执行"文件"菜单中的"选项"命令，单击"自定义功能区"中的"从下列位置选择命令"下拉箭头，选择"不在功能区中的命令"，在下面的列表中找到"用宏创建快捷菜单"，在右边的列表中选择"数据库工具"选项；单击"添加"按钮回到"数据库工具"选项卡，就可以看到这个命令了。

(5) 打开"员工 h"窗体的设计视图，选择"属性表"对话框的"其他"选项卡，打开"快捷菜单栏"的下拉列表，选择"菜单宏示例"选项。

(6) 进入该窗体的"窗体视图"并右击，可以看到快捷菜单已经发生了变化。

7.3　模块与 VBA 概述

前面介绍的宏对象可以快速创建，自动完成一系列预定的任务，但同时也有一些缺陷，如只能处理一些简单操作，对表、查询等数据库对象的处理能力较弱等。Access 2010 提供了模块与 VBA 编程将数据库中所有对象联系起来、统一管理。VBA 是 Visual Basic 语言在 Office 编程中的应用，VBA 就是用来创建 Access

模块对象的编程语言。

　　模块是 Access 数据库中的一个重要对象,它是由 VBA 编写的程序的集合,是以函数过程(Function)或子过程(Sub)为单元进行存储的集合,模块中的每个过程实现自己的特定功能。模块一般包括两个部分:声明区域和若干个子过程或函数过程。

　　模块分为两种基本类型:类模块和标准模块。类模块依附于窗体或报表存在,表现为窗体或报表中对象的事件过程,该事件过程用于响应窗体或报表中的事件,从而控制窗体或报表的行为。类模块具有局部特性,只作用在所属窗体或报表内部。标准模块用于存放公共过程,与其他 Access 对象不相关联,可以在数据库的任何位置被调用。标准模块具有全局特性,其作用范围为整个应用程序。

　　要编写 VBA 代码需要进入 VBE 编辑器,在"创建"选项卡中单击"宏与代码"组的"模块"按钮,可以进入创建标准模块的 VBE 窗口。或者在某个窗体或报表的设计视图中单击"设计"选项卡中的"查看代码"按钮,进入创建类模块的 VBE 窗口。

　　【例 7.7】　新建窗体"模块示例",窗体中只有一个"测试"按钮,单击该按钮,弹出对话框显示信息。

　　操作步骤如下。

　　(1) 新建窗体,创建一个按钮控件,标题为"测试按钮",在"测试按钮"中右击,选择"事件生成器"选项。

　　(2) 在 VBE 环境中编写代码,如图 7-9 所示。

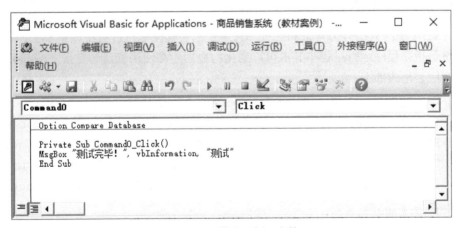

图 7-9　　"模块示例"窗体

　　(3) 代码写完后单击"保存"按钮,返回窗体设计视图。

　　(4) 切换到"窗体主视图",单击"测试"按钮,查看结果。

7.4 VBA 语法基础

要使用 VBA 编程，必须了解 VBA 的语法。

VBA 是面向对象的编程语言，可以通过类+对象+属性的继承+对象之间的通信来进行编程。数据库中的元素，如表、窗体、按钮等都是对象，每个对象都有自己的属性、事件和方法。面向对象的程序设计就是通过对象的属性、事件和方法来处理对象。可以在程序代码中引用对象的属性或调用对象方法。

VBA 程序书写原则如下。

(1) 通常一条语句写一行。

(2) 语句较长时用续行符"_"将语句连续写在下一行。

(3) 用":"将多条短语句写在同一行中。

(4) 采用缩进格式显示程序的流程结构。

(5) 用注释语句增加程序的可读性，格式为：

`Rem <注释语句>`

`'<注释语句>`

(6) 输入语句时，代码窗口会自动进行语法检查，如果有红色文本，则表示有语法错误。

7.4.1 VBA 的数据描述

VBA 中的数据分为常量和变量。常量是指在程序运行过程中固定不变的量，变量是指在程序运行过程中其值可以变化的数据。在使用变量和常量之前都必须先声明，格式如下：

```
Dim 变量 as 类型      '定义为局部变量，如 Dim abc as integer
Private 变量 as 类型   '定义为私有变量，如 Private abc as byte
Public 变量 as 类型    '定义为公有变量，如 Public abc as single
Global 变量 as 类型    '定义为全局变量，如 Global abc as date
Static 变量 as 类型    '定义为静态变量，如 Static abc as double
```

1. 常见的数据类型

1) 布尔型(Boolean)

布尔型也称逻辑型，只有两个取值，分别是 True 和 False。布尔型数据转换为其他数据类型时，True 转换为-1，False 转换为 0。其他数据类型转换为布尔型数据时，0 转换为 False，非 0 值转换为 True。

2) 日期/时间型(Date)

日期/时间型数据，可以表示的日期范围从 100 年 1 月 1 日到 9999 年 12 月 31 日，而时间可以从 0:00:00 到 23:59:59。日期/时间型数据必须用一对"#"括起来。

3) 字符型(String)

字符型用于表示程序中的一串字符，使用时必须用一对英文半角的双引号括起来。

4) 整型(Integer)、长整型(long)

整型数据，其取值范围为 $-32768 \sim 32767$；长整型数据，其取值范围为 $-2147483648 \sim 2147483647$。

5) 单精度型(Single)、双精度型(Double)、货币型(Currency)

单精度数的取值范围如下。

负数：$-3.402823 \times 10^{38} \sim -1.401298 \times 10^{-45}$。

正数：$1.401298 \times 10^{-45} \sim 3.402823 \times 10^{38}$。

零：0。

双精度数的取值范围如下。

负数：$-1.79769313486231 \times 10^{308} \sim -4.94065645841247 \times 10^{-324}$。

正数：$4.94065645841247 \times 10^{-324} \sim 1.79769313486231 \times 10^{308}$。

零：0。

注意：当数值的精确度要求不高时，用浮点类型表示特别大或特别小的数值是非常合适的。但是如果参与计算的数值必须十分精确，就必须考虑使用定点整型数据类型了。

货币型数据一般用在货币计算中，可以满足很高的计算精度。

6) 字节型(Byte)

字节型数据是 $0 \sim 255$ 范围的无符号类型，不能表示负数。

7) 对象型(Object)

VBA 是面向对象的程序设计语言，VBA 中的对象型变量用 32 位的地址来存储，该地址可以引用程序中的对象。

8) 用户自定义型

用户自定义数据类型是由用户自行建立，用 Type 语句定义的数据类型，可以包含一个或多个标准数据类型的数据元素或一个先前定义的用户自定义类型。

【例 7.8】　自定义一个新的类型 stu，该类型中包含 4 个元素。

```
Type stu
    name As String          '定义字符串变量存储一个名字
    age As Integer          '定义整型变量存储年龄
    merry As Boolean        '定义布尔变量存储婚姻状况
```

```
    birth As Date          '定义日期变量存储出生日期
End Type
```

9) 变体型(Variant)

如果没有指定变量的具体数据类型，则被系统默认为变体型数据。变体型是一种特殊的数据类型，除了定长字符串数据及用户定义类型外，可以包含任何种类的数据，具体类型由最近所赋的值确定。

2. 作用域

一般变量作用域的原则是，在哪定义就在哪起作用，在模块中定义则在该模块中作用。

注意以下几点：

(1) VBA 允许使用未定义的变量，默认是变体变量。

(2) 在模块通用说明部分，加入 Option Explicit 语句可以强迫用户进行变量定义。

(3) 常量为变量的一种特例，用 Const 定义，且定义时赋值，程序中不能改变值，作用域也如同变量作用域。如下定义：

```
Const Pi=3.1415926 as single
```

3. 运算符和表达式

VBA 的运算符包括赋值运算符、算术运算符、关系运算符、逻辑运算符和连接运算符。

(1) 赋值运算符：=。

(2) 算术运算符：用来执行算术运算，运算符两边的操作数都应该是数值型，如果为其他类型，则系统自动进行转换后再进行运算，如表 7-1 所示。

表 7-1　算术运算符

运算符	名称	说明	优先级
^	指数	计算乘方和方根	1
−	负号	取负	2
*	乘	乘法	3
/	除	标准除法，结果为浮点数	3
\	整除	整数除法，结果为整数	4
Mod	取余	求余数	5
+	加	加法	6
−	减	减法	6

(3) 关系运算符：结果为逻辑值 True 或 False，如表 7-2 所示。

表 7-2　关系运算符

运算符	名称	举例	结果
=	等于	"abc"="abd"	False
>	大于	"abc">"abd"	False
>=	大于等于	#2012-1-1#>=#2011-1-1#	True
<	小于	35<123	True
<=	小于等于	"35"<="123"	False
<>	不等于	"abc"<>"ABC"	True
Like	用通配符比较	"wxyz" Like "x"	True
Is	引用对象比较	Is>0	由对象当前值决定

(4) 逻辑运算符：用于两个逻辑量的逻辑运算，如表 7-3 所示。

表 7-3　逻辑运算符

运算符	名称	说明
Not	非	当 Not 连接的表达式为 True 时，结果为 False
And	与	当 And 连接的表达式均为 True 时，结果为 True
Or	或	当 Or 连接的表达式均为 False 时，结果为 False
Xor	异或	当 Xor 连接的表达式值不同时，结果为 True
Eqv	等价	当 Eqv 连接的表达式值相同时，结果为 True
Imp	蕴含	第 1 个值为 True，第 2 个值为 False 时，结果为 False

(5) 连接运算符："＋""＆"，用于强制两个字符串的连接。

各种运算符的优先级顺序为函数、算术运算符、连接运算符、关系运算符、逻辑运算符。

用各种运算符将变量、常量和函数连接起来构成表达式，表达式通过运算得出结果，结果的数据类型由操作数的数据类型和运算符共同决定。

7.4.2　VBA 的程序控制流程

1. 分支结构

1) If 条件语句

If 条件语句的几种语法格式如下：

(1) If <条件> Then <该条件产生的结果>

如：If x>y Then z=x Else z=y

If x>100 Then x=x-100

(2) If <条件> Then

      <过程语句 1>

Else

      <过程语句 2>

End If

(3) If <条件 1> Then

      <过程语句 1>

ElseIf <条件 2> Then

      <过程语句 2>

…

Else

      <过程语句 n>

End If

<条件>是一个数值或一个字符串表达式，结果为 True 或 False。若<条件>为 True，则执行紧接在关键字 Then 后面的一条或多条语句。若<条件>为 False，则无论接下来是什么语句，程序都将检测下一个 Else<条件>或执行 Else 关键字后面的语句。

【例 7.9】 　请编写程序实现下述公式。

$$y = \begin{cases} 1, & x > 0 \\ 0, & x = 0 \\ -1, & x < 0 \end{cases}$$

```
If x >0 Then
  Print 1
ElseIf x < 0 Then
  Print -1
Else
  Print 0
End If
```

2) Select Case 语句

从上面的例子可以看出，如果条件非常复杂，就像有十几个条件分支，如果还使用 If 语句就会显得相当累赘，而且程序变得不易阅读。这时我们可以使用 Select Case 语句来写出结构清晰的程序。

使用 Select Case 语句可以根据与值列表或范围进行比较的表达式的求值结果，来有条件地执行语句。其语法如下：

```
Select Case<检验表达式>
        [Case<比较列表 1>
        [<过程语句 1>]]
        …
        [Case Else
        [<过程语句 n>]]
End Select
```

如果<检验表达式>与 Case 子句中的一个<比较列表>相匹配，则 VBA 将执行该子句后面的语句。

【例 7.10】 根据学生成绩 cj 输出等级优、良、及格和不及格。

```
Select Case cj
        Case is>=90
        Print "优"
        Case is>=80
        Print "良"
        Case is>=60
        Print "及格"
        Case Else
        Print "不及格"
End Case
```

2. 循环结构

1) For…Next…语句

用 For…Next…语句可以以指定次数来重复执行一组语句。

```
For 计数器=初值 To 末值 [Step 步长]
    [<过程语句>]
    [Exit For]
    [<过程语句>]
Next [计数器]
```

计数器必须是一个数值变量，而不是数组或记录元素。VBA 最开始把计数器的值设为初值。如果没有指定步长，则默认步长为+1。如果步长是正数或 0，则只要计数器小于或等于末值，VBA 在遇到相应的 Next 语句时，就把步长加到计数器上。可以改变 For 循环中的计数器值，但这将使过程很难调试。改变循环中的末值不会影响循环的执行，可以把一个 For 循环放在另一个 For 循环中。这样做时，必须为每个计数器选择不同的名字。

【例 7.11】　计算 $x=1+2+3+\cdots+100$。

```
For y=1 To 100
    x=x+y
Next y
Print x
```

2) Do…Loop 语句

用 Do…Loop 语句可以定义要多次执行的语句块。我们也可以定义一个条件，当这个条件为假时，就结束这个循环。Do…Loop 语句有以下形式：

```
Do[{While|Until}<条件>]
    [<过程语句>]
     [Exit Do]
    [<过程语句>]
Loop
```

或者使用下面的语法：

```
Do
    [<过程语句>]
    [Exit do]
    [<过程语句>]
Loop [{While|Until}<条件>]
```

上面的格式中，<条件>是用来检测真(非零)或假(零或 Null)的一个比较谓词或表达式。While 子句和 Until 子句的作用正好相反。如果指定了一个 While 子句，则当<条件>为真时，就继续执行。如果指定了 Until 子句，则当<条件>为真时，循环执行结束。如果把 While 或 Until 子句放在 Do 子句中，则必须满足条件才执行循环中的语句。如果把一个 While 或 Until 子句放在 Loop 子句中，则在检测条件前先执行循环中的语句。

7.4.3　VBA 的函数与过程

过程是构成程序的一个模块，往往用来完成一个相对独立的功能。过程可以使程序更清晰、更具结构性。

1. Sub 过程

可以用 Sub 语句声明一个新的过程、它接收的参数和该过程中的代码。其语法格式如下：

```
[Public|Private][Static]Sub 子程序名([<参数>])[As 数据类型]
    [<子程序语句>]
    [Exit Sub]
    [<子程序语句>]
End Sub
```

使用 Public 关键字可以使这个过程适用于所有模块中的所有其他过程；用 Private 关键字可以使该子程序只适用于同一模块中的其他过程。

2. 函数

过程十分方便，但如果需要返回参数，就要用到函数了。VBA 中提供了大量的内置函数。例如，字符串函数 Mid()、统计函数 Max()等。在编程中直接引用就可以了，非常方便。但有时我们需要按自己的要求定制函数，用 Function 语句可以声明一个新函数，其语法形式如下：

```
[Public|Private][Static]Function 函数名([<参数>]) [As 数据类型]
    [<函数语句>]
    [函数名=<表达式>]
    [Exit Function]
    [<函数语句>]
    [函数名=<表达式>]
End Function
```

对函数使用 Public 关键字，则所有模块的所有其他过程都可以调用它。用 Private 关键字可以使这个函数只适用于同一模块中的其他过程。当把一个函数说明为模块对象中的私有函数时，就不能从查询或宏或另一个模块中的函数调用这个函数。

包含 Static 关键字时，只要含有这个过程的模块是打开的，则所有在这个过程中无论显示还是隐含说明的变量值都将被保留。可以在函数名末尾使用一个类型声明字符或使用 As 子句来声明被这个函数返回的变量的数据类型。如果没有，则 VBA 将自动赋给该变量一个最合适的数据类型。

3. VBA 内部函数

在 VBA 程序语言中有许多内置函数，可以帮助程序代码设计和减少代码的编写工作。

1) 测试函数

IsNumeric(x)：是否为数字，返回 Boolean 结果，True 或 False。

IsDate(x)：是否为日期，返回 Boolean 结果，True 或 False。

IsEmpty(*x*)：是否为 Empty，返回 Boolean 结果，True 或 False。

IsArray(*x*)：指出变量是否为一个数组。

IsError(expression)：指出表达式是否为一个错误值。

IsNull(expression)：指出表达式是否不包含任何有效数据(Null)。

IsObject(identifier)：指出标识符是否表示对象变量。

2) 数学函数

Sin(*x*)、Cos(*x*)、Tan(*x*)、Atan(*x*)：三角函数，单位为弧度。

Log(*x*)：返回 *x* 的自然对数。

Exp(*x*)：返回 e^x。

Abs(*x*)：返回绝对值。

Int(number)、Fix(number)：都返回参数的整数部分，但 Int 返回的整数不大于参数，如 Int(−8.4) = −9，Fix(−8.4)= −8。

Sgn(number)：返回一个 Variant (Integer)，即表示数字符号的整数，指出参数的正负号。

Sqr(number)：返回一个 Double(双精度浮点数)，指定参数的平方根。

VarType(varname)：返回一个 Integer，即表示数据类型的整数，指出变量的子类型。

Rnd(*x*)：返回 0～1 的单精度数据，*x* 为随机种子。

3) 字符串函数

Trim(string)：去掉 string 左右两端空白。

Ltrim(string)：去掉 string 左端空白。

Rtrim(string)：去掉 string 右端空白。

Len(string)：计算 string 的长度。

Left(string, *x*)：取 string 左段 *x* 个字符组成的字符串。

Right(string, *x*)：取 string 右段 *x* 个字符组成的字符串。

Mid(string, start, *x*)：取 string 从 start 位开始的 *x* 个字符组成的字符串。

Ucase(string)：转换为大写。

Lcase(string)：转换为小写。

Space(*x*)：返回 *x* 个空白的字符串。

Asc(string)：返回一个 Integer，即表示数据类型的整数，代表字符串中首字母的字符代码。

Chr(charcode)：返回 String(字符)，其中包含与指定的字符代码相关的字符。

4) 转换函数

CBool(expression)：转换为 Boolean 型。

CByte(expression)：转换为 Byte 型。

CCur(expression)：转换为 Currency 型。

CDate(expression)：转换为 Date 型。

CDbl(expression) ：转换为 Double 型。

CDec(expression) ：转换为 Decemal 型。

CInt(expression)：转换为 Integer 型。

CLng(expression)：转换为 Long 型。

CSng(expression)：转换为 Single 型。

CStr(expression)：转换为 String 型。

CVar(expression)：转换为 Variant 型。

Val(string)：转换为数值型。

Str(number)：转换为 String 型。

5）时间函数

Now：返回一个 Variant (Date)，根据计算机系统设置的日期和时间来指定日期和时间。

Date：返回包含系统日期的 Variant (Date)。

Time：返回一个指明当前系统时间的 Variant (Date)。

Timer：返回一个 Single，代表从午夜开始到现在经过的秒数。

TimeSerial(hour, minute, second)：返回一个 Variant (Date)，包含具有具体时、分、秒的时间。

DateDiff(interval, date1, date2[, firstdayofweek[, firstweekofyear]])：返回 Variant (Long) 的值，表示两个指定日期间的时间间隔数目。

Second(time)：返回一个 Variant (Integer)，其值为 0 ～ 59 的整数，表示一分钟之中的某秒。

Minute(time)：返回一个 Variant (Integer)，其值为 0 ～ 59 的整数，表示一小时中的某分钟。

Hour(time)：返回一个 Variant (Integer)，其值为 0 ～ 23 的整数，表示一天之中的某一钟点。

Day(date)：返回一个 Variant (Integer)，其值为 1 ～ 31 的整数，表示一月中的某一日。

Month(date)：返回一个 Variant (Integer)，其值为 1 ～ 12 的整数，表示一年中的某月。

Year(date)：返回 Variant (Integer)，包含表示年份的整数。

Weekday(date, [firstdayofweek])：返回一个 Variant (Integer)，包含一个整数，代表某个日期是星期几。

7.5　VBA 数据库访问技术

如果要在 VBA 中实现对表、查询等对象的操作，就必须要访问数据库。接下来我们来了解 VBA 中是如何访问数据库，如何获取数据库中的数据并进行操作的。

7.5.1　常用的数据库访问技术

VBA 通过 Microsoft Jet 数据库引擎工具来支持对数据库的访问。在 VBA 中主要提供了三种数据库访问接口。

(1) 开放数据库互连应用编程接口(ODBC)。

(2) 数据访问对象(data access object，DAO)。

(3) ActiveX 数据对象(ActiveX data object，ADO)。

ODBC 是 Microsoft 公司开发和定义的一套数据库访问标准,称为开放数据库系统互连。ODBC 提供了一种编程接口，可以使用一个 ODBC 应用程序访问各种数据库管理系统，如 Access、MySQL、DB2、FoxPro、SQL Server 和 Oracle 等，它是第一个使用 SQL 访问不同关系数据库的数据访问技术。使用 ODBC 应用程序能够通过单一的命令操纵不同的数据库，而开发人员需要做的仅仅只是针对不同的应用加入相应的 ODBC 驱动。

DAO 不像 ODBC 那样是面向 C/C++程序员的，它是微软提供给 Visual Basic 开发人员的一种简单的数据访问方法，但不提供远程访问功能。

ADO 实际上是一种基于组件对象模型的自动化接口技术，并以 OLE DB(对象连接和嵌入的数据库)为基础，经过 OLE DB 精心包装后的数据库访问技术，利用它可以快速地创建数据库应用程序。ADO 提供了一组非常简单、将一般通用的数据访问细节进行封装的对象。

7.5.2　ADO 模型的使用

ADO 是目前微软通用的数据访问技术。ADO 编程定义一组对象，用于访问和更新数据源，提供了一系列方法完成下列任务：连接数据源、查询记录、添加记录、更新记录等。

1) ADO 的对象

ADO 是基于组件的数据库访问接口，可以对多种数据进行操作。

ADO 包括以下三个成员对象。

(1) Connection(连接对象)：用于建立应用程序与数据源的连接。

(2) Command(操作命令对象)：应用程序与数据源连接成功后，用 SQL 语句访问、查询数据库中的数据，实现创建表、修改表结构、删除表等操作。

(3) Recordset(记录集对象)：访问表和查询对象，返回的记录存储在 Recordset 对象中。通过该对象可以浏览记录、修改记录、添加新记录或者删除指定记录。

ADO 还包括以下三个集合对象。

(1) Errors：依赖于 Connection 对象的使用。

(2) Parameters：依赖于 Command 对象的使用。

(3) Fields：依赖于 Recordset 对象的使用。

2) 在 Access 中引用 ADO

要在 Access 中引用 ADO，首先需要增加一个对 ADO 库的引用。方法如下：打开 VBE 窗口，执行"工具"菜单中的"引用"命令，在"引用"对话框的"可使用的引用"列表中选择 Microsoft ActiveX Data Objects 2.x Library 选项。

首先在应用程序中声明一个 Connection 对象，然后创建 Recordset 对象完成各种数据访问操作。

(1) 声明 Connection 对象。

```
Dim cn As ADODB. Connection  #定义对象
Set cn=CurrentProject. Connection  #初始化对象
```

(2) 声明与打开 Recordset 对象。与数据库连接成功后，声明并初始化一个新的 Recordset 对象，然后打开并用该对象访问数据。

```
Dim rs As ADODB. Recordset  #定义对象
Set rs=New ADODB. Recordset  #初始化对象
```

使用 Recordset 对象的 Open 方法打开数据表、查询对象或直接使用 SQL 语句。格式如下：

```
Recordset 对象名.Open 表或查询或 SQL, Connection 对象名, 游标类型, 锁类型
```

(3) 引用记录字段。有两种方法可以引用记录中的字段：一是直接在记录集对象中引用字段名；二是使用记录集对象的 Fields(n)属性。

(4) 浏览记录。打开记录集时，记录指针自动指向第一条记录。

①MoveFirst：指针移到记录集的第一条记录。

②MoveNext：指针移到记录集当前记录的下一条记录。

③MovePrevious：指针移到记录集当前记录的上一条记录。

④MoveLast：指针移到记录集的最后一条记录。

(5) 编辑数据。使用 AddNew 方法添加记录、Update 方法修改记录、Delete 方法删除记录。

【例 7.12】　设计一个根据产品 ID 查询产品相关信息的窗体，用 VBA 实现。

当产品 ID 为空时，提示"请输入产品 ID!"；当产品 ID 输入错误时，提示"没有这个产品，请重新输入产品 ID!"；当产品 ID 存在时，显示查询到的相关信息。

操作步骤如下。

(1) 创建如图 7-10 所示的窗体，在"查询"按钮上右击，在弹出的快捷菜单中选择"事件生成器"选项。

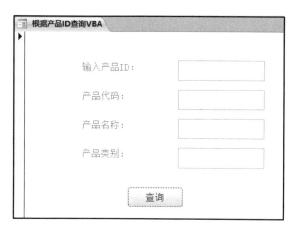

图 7-10　根据产品 ID 查询产品相关信息

(2) 在"事件生成器"中，输入如图 7-11 所示的代码。

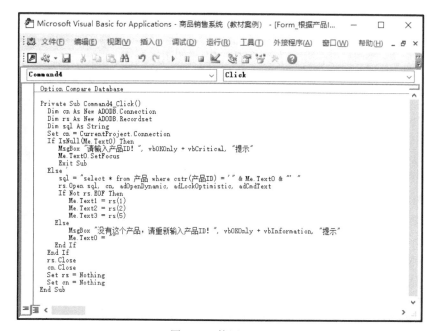

图 7-11　使用 ADO

(3) 保存代码。在窗体中分别输入不同的产品 ID，测试查询结果。

本 章 小 结

本章介绍了数据库中的宏的概念，宏的用途，如何创建、编辑和执行宏以及 VBA 编程的一些基础知识。

习　　题

1. 在 Access 中什么是宏，宏和宏组的主要功能是什么？
2. 什么情况下使用宏，什么情况下使用 VBA？
3. Access 中常用的操作数据库对象的宏操作有哪些？
4. Access 中常用的操作数据的宏操作有哪些？
5. 宏的执行方式有哪些？
6. 在 VBA 中，变量类型有哪些？
7. 分支结构语句有几个，它们各有什么区别？
8. 循环结构语句有几个，它们各有什么区别？

第 8 章　Access 数据库安全与管理

数据库系统中存储着大量的信息，在数据库的日常使用中，数据库中的数据还需要不断地进行维护、更新、备份、安全管理等。本章将重点介绍数据库安全措施，包括设置数据库密码、用户级安全设置、数据库编码/解码、数据存储安全、数据库拆分、复制与同步数据库、优化数据库性能等内容及相关知识。

用 Access 建立一个数据库后，其默认状态是对用户开放所有数据库操作(如查询、修改和删除等)权限，这样会对数据库带来一定影响，严重的情况下还可能会毁掉整个数据库。在这种情况下，就需要采取一些措施来保护数据库的安全。

数据库安全性保护指的是保护一个数据库避免遭受未授权访问和恶意破坏等的机制和性能。

8.1　数据库安全措施

Access 有各种不同的策略来控制数据库及其对象(不包括 Access 项目文件)的访问级别，它主要提供了设置数据安全性的两种传统方法：设置数据库密码和用户级安全机制(仅对.mdb 文件有效)。设置数据库密码的方法，只适用于打开数据库。使用用户级安全机制可以限制用户访问或更新数据库的某一部分，还可以将数据保存为.mde 文件，以防止删除数据库中可编辑的 Visual Basic 代码和对窗体、报表、模块的设计与修改。

Access 数据库的安全主要包括保护数据库文件、使用用户级安全设置保护数据库对象、保护 VBA 代码、保护数据访问及多用户环境下的安全机制等。

在 Access 提供的多种措施中，按照安全级别由高到低可以分为：编码/解码、在数据库窗口中显示或隐藏对象、使用启动选项、使用密码、使用用户级安全机制等。

8.2　设置数据库密码

最简单易用的保护方法是为打开的数据库设置密码。添加密码后，所有用户都必须先输入正确的密码后才可以打开数据库。所以在对数据库加密之前，最好先复制数据库，进行备份，并将其存放在安全的地方。

对数据库进行加密，将会压缩数据库文件，并使其无法通过工具程序或字处理程序解密。数据库的解密是加密的反过程，解密后将不再限制用户对数据库的访问。

操作步骤如下。

(1) 为"商品销售系统"数据库设置密码。启动 Access，以独占方式打开"商品销售系统"数据库，选择"文件"选项，找到"信息"按钮，单击右侧的"用密码进行加密"按钮，系统弹出如图 8-1 所示的"设置数据库密码"对话框。输入要设置的密码，并在"验证"文本框中再次输入以确认，然后单击"确定"按钮。

(2) 撤销"商品销售系统"数据库的打开密码。启动 Access，以独占方式打开已加密的"商品销售系统"数据库，选择"文件"选项，找到"信息"按钮，单击右侧的"解密数据库"按钮，系统弹出如图 8-2 所示的"撤销数据库密码"对话框。输入正确的密码，然后单击"确定"按钮。下次启动该数据库时就会发现，数据库密码已被撤销。

图 8-1　"设置数据库密码"对话框

图 8-2　"撤销数据库密码"对话框

8.3　用户级安全

为数据库设置密码后，所有用户都必须先输入密码，才可以打开数据库。但是，一旦打开了数据库，就不再有其他任何安全机制。

保护数据库最灵活和最广泛的方法是采用用户级安全机制。所谓用户级的安全机制，即预先定义若干用户或用户组，并定义各用户或用户组对数据库内各对象的访问权限，如是否对某些表、查询、窗体、报表等对象拥有查看、编辑、删除等权限。当某用户以自己的用户名和密码打开数据库后，该用户只能按照预先定义好的权限对某些对象进行相应的操作。

此机制是通过建立数据库中敏感数据和对象的访问级别来保护数据库的安全的。Access 提供了"设置安全机制向导"，可以很方便地设置用户级安全。使用用户级安全机制有两个原因：一是为了防止用户无意地更改应用程序所依赖的表、查询、窗体和宏而破坏应用程序；二是保护数据库中的敏感数据。

默认情况下，共享的 Access 数据库有两个组，即管理员组和用户组。管理员组几乎拥有对数据库的一切权限(主要为"所有权""管理权""修改权""读取权")，用户组通常只有运行、输入等权限，也可以定义其他组。

通常用户级的安全机制设置比较复杂，但利用 Access 提供的"设置安全机制向导"可以简化设置操作。它可帮助用户指定权限，创建用户账户和组账户。但在运行该向导后，可以针对某个数据库及其中已有的表、查询、窗体、报表和宏，手动在工作组中指定、修改或删除用户账户和组账户的权限。也可以设置 Access 分配给数据库中新建的表、查询、窗体、报表和宏的默认权限。

本节中的步骤介绍了如何启动和运行"用户级安全机制向导"。

注意，这些步骤只适用于具有 Access 2003 文件格式或早期文件格式并在 Access 2010 中打开的数据库。

操作步骤如下。

(1) 以"共享"方式打开"商品销售系统"数据库(仅对.mdb 或.mde 文件有效)。

(2) 选择"文件"选项卡中的"选项"选项，在"Access 选项"对话框中，单击"自定义功能区"标签，确保"自定义功能区"的下拉列表框中为"主选项卡"，在列表框中单击"数据库工具"前的⊞符号，选择"管理"选项，单击下方的"新建组"按钮，将该组重命名为"数据库安全"，选中"数据库安全"组，如图 8-3 所示。

图 8-3　自定义功能区

(3) 在左边"从下列位置选择命令"下拉列表框中选择"所有命令"选项，在列表框中选择"用户级安全机制向导"，单击"添加"按钮，则该按钮便出现在"数据库安全"组中，如图 8-4 所示。

图 8-4　在"数据库管理工具"选项卡中添加的"数据库安全"组

(4) 添加完相关命令后，单击"数据库管理工具"选项卡中的"数据库安全"组中的"用户级安全机制向导"按钮，启动设置安全机制向导，如图 8-5 所示。选择"新建工作组信息文件"单选按钮，在 Access 中的工作组信息文件中保存着用户级安全机制下的工作组成员的账户、用户的密码等信息，一个工作组信息文件可以供多个数据库使用，使用同一个工作组信息文件中定义的用户和用户组来实现各自数据库的权限控制。

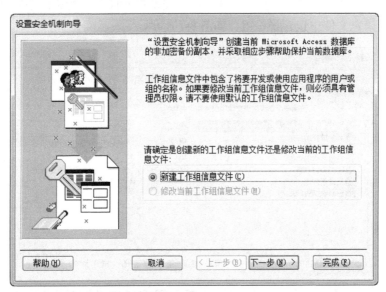

图 8-5　设置安全机制向导的第一步——确定信息文件

(5) 单击"下一步"按钮，打开"设置安全机制向导"的第二个对话框，设置工作组信息文件的位置及文件名、工作组 ID，这里采用默认设置即可。

(6) 单击"下一步"按钮，打开"设置安全机制向导"的第三个对话框，设置需要安全机制保护的数据库对象，如图 8-6 所示。

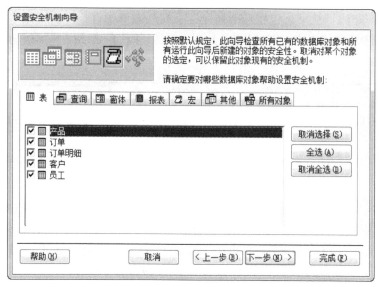

图 8-6   设置安全机制向导的第三步——确定要保护的数据库对象

(7) 单击"下一步"按钮，打开"设置安全机制向导"的第四个对话框，设置工作组信息文件中包含哪些组，如图 8-7 所示。

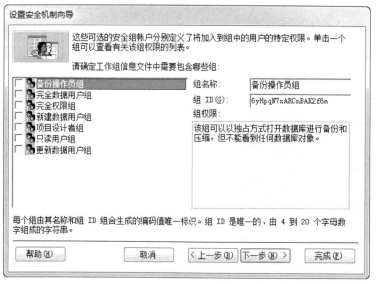

图 8-7   设置安全机制向导的第四步——确定信息文件中的组

工作组是多用户环境下的一组用户，用户级安全机制将用户组分为备份操作员组、完全数据用户组、完全权限组、新建数据用户组、项目设计者组、只读用户组及更新数据用户组，当用户选中某一个用户组后，在对话框的右侧会显示该用户组的具体权限说明。

需要注意的是，工作组分为管理员组和用户组。管理员组拥有所有的权限，用户组则根据需要针对不同的用户授予适当的权限。在对话框中提到的用户组包括了所有用户，如果授予用户组某些权限，则所有用户都会具有这些权限，不能针对某个用户。这里不再为用户组分配权限，而是使用如下方法，建立用户并使其加入特定的用户组而获得特定的权限。

(8) 单击"下一步"按钮，打开"设置安全机制向导"的第五个对话框，确定是否授予用户组某些权限，如图 8-8 所示。

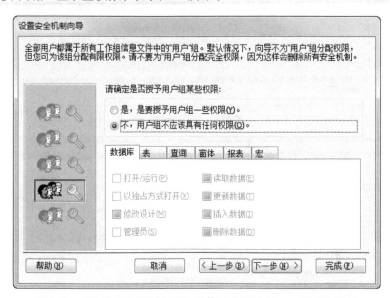

图 8-8　"设置安全机制向导"的第五个对话框——用户组授权

(9) 单击"下一步"按钮，打开"设置安全机制向导"的第六个对话框，添加用户信息，指定用户名和密码，在本例中添加一个用户名为 user1，密码为 123 的用户，单击"将该用户添加到列表"按钮，将该用户添加到用户列表中，如图 8-9 所示。

(10) 单击"下一步"按钮，打开"设置安全机制向导"的第七个对话框，向工作组添加用户，如图 8-10 所示。

(11) 单击"下一步"按钮，打开"设置安全机制向导"的第八个对话框，指定无安全机制的数据库备份文件的名称，为安全起见，将原来没有设置安全机制的数据库进行备份。

(12) 单击"完成"按钮，结束用户级安全机制的设置操作，屏幕上将会显示"设置安全机制向导报表"，通过向导设置的数据库密码和用户信息都保存在该报表中，可打印或导出报表，并保存在比较安全的地方。

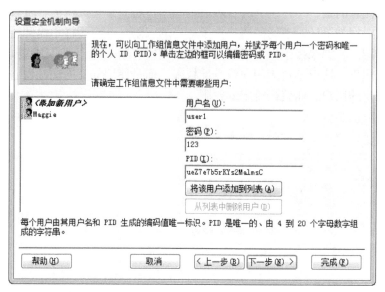

图 8-9　"设置安全机制向导"的第六个对话框——添加用户

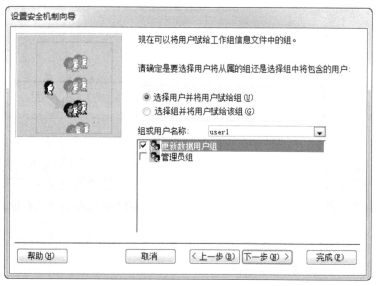

图 8-10　"设置安全机制向导"的第七个对话框——将用户添加到组

(13) 关闭"商品销售系统"数据库，返回到 Windows 桌面，在桌面将显示该数据库的快捷方式![图标]，双击它，会弹出"登录"对话框，输入登录的信息，进入数据库后按设置的用户组权限完成相应的操作。需要注意的是，在完成用户级安全机制设置后，不能直接打开原数据库，只能通过快捷方式打开，否则系统提示出错信息。

8.4　数据库编码/解码

为了防止数据库文件被 Access 以外的其他软件，如文字处理等软件打开，使数据库结构暴露，可以对数据库文件进行编码处理。编码后的数据库在 Access 中使用时，并不能增强安全性。需要注意的是该功能仅对.mdb 文件有效。操作方式为：选择"文件"选项，找到"信息"按钮，单击右侧的"用户和权限"按钮，在弹出的下拉列表框中选择"编码/解码数据库"选项，即可进行操作。

8.5　生成 ACCDE 文件

如果打开的数据库是 ACCDB 文件，则可以将数据库文件转换为 ACCDE 文件，该功能可以完全保护 Access 中的代码免受非法访问。将 ACCDB 文件转换为 ACCDE 文件时，Access 将编译所有模块，删除所有可编辑的源代码，然后压缩目标数据库。新数据库中的 VBA 代码仍然能运行，但不能查看或编辑。数据库将继续正常工作，仍然可以升级数据和运行报表。操作方式为：选择"文件"选项，找到"保存并发布"选项，单击右侧的"数据库另存为"图标，再选择右侧"高级"区域下的"生成 ACCDE"选项，然后单击"另存为"按钮即可，如图 8-11 所示。

图 8-11　生成 ACCDE 文件

8.6　数据存储安全

数据库的错误操作或一些意外灾难，都会使数据库中的宝贵数据损坏或丢失，带来无法弥补的损失。为了避免这些情况，应该加强对数据库存储的安全管理。

在 Access 中数据存储安全管理措施有"备份数据库"和"压缩和修复数据库"等。

一般情况下，备份数据库应保存在其他位置；文件名默认为"原数据库名_当前日期"。数据库重新自动打开，备份结束。

在备份数据库时应该注意，如果数据库应用了用户级安全机制，"工作组信息文件"也应同时备份；如果有数据访问页文档，则需要单独备份，因为这类文档是单独存放的。

备份数据库操作方式为：选择"文件"选项，找到"保存并发布"按钮，单击右侧的"数据库另存为"按钮，在右侧高级中选择"备份数据库"，然后单击"另存为"按钮即可。

为确保实现最佳性能，应该定期压缩和修复 Microsoft Access 文件。压缩数据库文件可以重新组织文件在磁盘上的存储方式，减少文件的存储空间，提高读取效率，优化数据库的性能。

在对数据库文件压缩之前，Access 会对文件进行错误检查，一旦检测到数据库损坏，Access 会给用户发送一条消息，要求修复数据库。修复数据库文件可以修复数据库中的表、窗体、报表或模块的损坏以及打开特定报表、窗体或模块所需的信息。

8.7　数据库拆分

当把已经完成的数据库应用系统共享给网络上的其他用户时，要想访问数据库中的数据时，用户必须要把所需要的表、窗体、查询、报表、宏等数据库对象都复制到自己的计算机中，这样很不方便。

数据库拆分可以把数据库应用系统一分为二，将数据部分放在后端的数据库服务器上，而前端的操作界面(如窗体和报表等)放在每一个想使用这个数据库应用的计算机上，这样用户在自己的机器上操纵界面，而数据库服务器负责传输数据，就构成一个客户端/服务器的应用。

拆分后，在前端数据库窗口的表对象中，每个表的名字前面都有一个小箭头，说明这些表是链接到后端数据库的，这里的表只是一个空壳，里面没有任何数据，当打开这些表时 Access 会自动链接到后端数据库上，取回数据。而在后端数据库中，只有一些表，而其他数据库对象都放在前端数据库中。

数据库拆分操作方式为：单击"数据库管理工具"选项卡中的"移动数据"组中的"Access 数据库"按钮，启动数据库拆分器向导，进行相应设置后即可完成数据库拆分操作。

8.8　优化数据库性能

在数据库的许多操作中，由于多次读表、读记录操作，会使处理任务的时间变得越来越长。为确保实现最佳性能，除了定期压缩和修复 Access 数据库外，还可以使用"数据库管理工具"选项卡中的"分析"组中的"分析性能"按钮启动性能分析器来优化数据库的性能。性能分析器主要是对整个数据库组做出分析，并给出推荐和建议来改善数据库的性能。

8.9　复制与同步数据库

复制数据库是指制作一个数据库文件的副本，它与复制数据库文件是不同的，通过复制数据库操作得到的数据库副本可以与源数据库保持同步更新，而复制数据库文件则不具备这样的性能。

在复制数据库的操作中，系统曾提示所有数据库结构的更改都必须在"设计母板"中进行。所以当"设计母板"中数据库对象的结构发生改变后，就需要执行同步数据库的操作，使副本数据库保持同步更新。

需要注意的是复制与同步数据库仅对.mdb 文件有效。

8.10　数据库升迁

Access 项目为 Microsoft Access 用户提供了一种创建 C/S 应用程序的方法。Access 项目允许用户以本地模式访问 Microsoft SQL Server 数据库，就像访问本地 Access 数据库一样。

Access 项目是一种特殊的 Access 数据文件，包含了表、查询、数据库图表、窗体、报表、页、宏和模块等对象。Access 项目中的表、查询和数据库图表等对象存放在 Microsoft SQL Server 数据库中，只有连接到 Microsoft SQL Server 数据库才能在项目窗口中查看和使用这些对象。项目中的窗体、报表、页、宏和模块等对象则存放在本地 Access 文件中，这些对象使用的是来自 Microsoft SQL Server 数据库的数据。

由于 Access 项目需要访问 Microsoft SQL Server 服务器，因此要安装 MSDE 2000 或 Microsoft SQL Server 作为服务器。

升迁向导用于将 Access 数据库对象(如表、查询、窗体、报表、页、宏和模块等)的一部分或全部迁移到 Microsoft SQL Server 数据库或新的 Access 项目中。通常,升迁向导将 Access 数据库的表以及与表相关的索引、有效性规则、默认值和表关系迁移到 Microsoft SQL Server 数据库,查询转换为 Microsoft SQL Server 视图或存储过程,而窗体、报表、页、宏和模块等数据库对象则迁移到 Microsoft Access 项目中。

操作步骤如下。

(1) 准备工作,包括启动 SQL Server 服务,备份数据库,以避免在升迁过程中意外破坏数据库导致的损失,查看磁盘空间,确保有足够的空间来保存新的 SQL Server 数据库。

(2) 打开"商品销售系统"数据库,单击"数据库管理工具"选项卡中的"移动数据"组中的 SQL Server 按钮,启动升迁向导。

(3) 单击"下一步"按钮,打开"升迁向导"的第二个对话框。

如果以当前 Windows 身份登录 SQL Server 向导,可选择"使用可信连接"复选框,不需要输入登录 ID 和密码;若要用 SQL 账户登录,则应取消选择"使用可信连接"复选框,并在"登录 ID"文本框中输入用户名,在"密码"文本框中输入密码。在"请指定升迁后的 SQL Server 数据库的名称"文本框中需要指定升迁后的 SQL Server 数据库名称,升迁向导默认以 Access 数据库名称加上"SQL"作为升迁后的 SQL Server 数据库名称。

(4) 单击"下一步"按钮,打开"升迁向导"的第三个对话框,在"可以的表"列表框中列出了当前 Access 数据库的表,双击表名将表添加到"导出到 SQL Server"列表框中,也可通过按钮操作实现表的添加。

(5) 单击"下一步"按钮,打开"升迁向导"的第四个对话框,在该对话框中选择是否导出 Access 表中的数据和表的属性。

(6) 单击"下一步"按钮,打开"升迁向导"的第五个对话框,在该对话框中,用户可根据需要选择对应用程序采取的措施。

(7) 单击"下一步"按钮,打开"升迁向导"的第六个对话框,完成升迁向导的设置,最后会自动生成一个升迁向导报表,在报表中显示 Access 数据库和升迁后的 SQL Server 信息、升迁参数、表信息和升迁过程中遇到的错误信息。

(8) 升迁完成后,启动 SQL Server,在数据库中可查看到升迁后的"商品销售系统"数据库(NorthwindSQL)的相关对象,同时生成一个项目文件 NorthwindCS.adp,可在 Access 中打开。

本 章 小 结

本章从数据访问安全角度介绍了"数据库密码管理""用户级安全机制""数

据库编码/解码""生成 ACCDE 文件"等安全机制；从数据存储安全角度介绍了"备份/恢复数据库""压缩和修复数据库""数据库拆分""优化数据库性能"等安全机制的具体实现方法。在实际应用中，往往需要多种安全机制同时使用才能提高数据的安全性，得到一个更加安全的数据库。

习   题

1. 简述 Access 数据库的安全措施。
2. 如何保护 Access 数据库？
3. 对 Access 数据库进行加密或解密有哪些要求？
4. 怎样设置安全机制？
5. 用户级安全机制中有哪些权限？这些权限允许用户进行什么操作？

参 考 文 献

曹青，邱李华，郭志强. 2018. 数据库技术与应用简明教程——Access 2010 版. 北京：中国铁道出版社.

曹小震. 2016. Access 2010 数据库应用案例教程. 北京：清华大学出版社.

陈丽花，李其芳，徐娟，等. 2014. 程序设计及数据库编程教程(含实践教程). 北京：科学出版社.

高雅娟，张媛，张梅. 2013. Access 2010 数据库实例教程. 北京：北京交通大学出版社.

何立群. 2014. 数据库技术应用实践教程(Access 2010). 北京：高等教育出版社.

何玉洁. 2019. 数据库原理及应用. 3 版. 北京：机械工业出版社.

教育部考试中心. 2015a. 全国计算机等级考试二级教程：Access 数据库程序设计(2016 年版). 北京：高等教育出版社.

教育部考试中心. 2015b. 全国计算机等级考试二级教程：公共基础知识(2016 年版). 北京：高等教育出版社.

李潜. 2018. 计算机技术基础教程(Access). 北京：中国铁道出版社.

刘卫国. 2015. 数据库技术与应用. 北京：清华大学出版社.

刘雨潇，项东升. 2018. Access 数据库程序设计. 北京：中国铁道出版社.

彭弘毅，李盼盼，刘永芬. 2019. Access 2010 数据库应用教程. 北京：清华大学出版社.

钱丽璞. 2013. Access 2010 数据库管理：从新手到高手. 北京：中国铁道出版社.

王珊，萨师煊. 2014. 数据库系统概论. 5 版. 北京：高等教育出版社.

王月敏，杨玉志，陈莉. 2017. Access 数据库技术与应用教程(微视频版). 上海：上海交通大学出版社.

吴敏，张乐，束云刚. 2017. Access 数据库技术与应用实验及学习指导(微视频版). 上海：上海交通大学出版社.

项东升，刘雨潇. 2018. Access 数据库程序设计实践教程. 北京：中国铁道出版社.

徐卫克. 2012. Access 2010 基础教程. 北京：中国原子能出版社.

张强，杨玉明. 2011. Access 2010 中文版入门与实例教程. 北京：电子工业出版社.

赵燕飞，李娅. 2018. Access 数据库基础与应用实验指导. 上海：上海交通大学出版社.

赵燕飞，李娅，丛秋实. 2018. Access 数据库基础与应用教程. 上海：上海交通大学出版社.